剪映

视频剪辑
从小白到大师

（电脑第2版）

龙飞◎编著

化学工业出版社
·北京·

内 容 简 介

如何制作出短视频上的那种爆款剪辑作品，让自己的视频作品播放量轻松上 10W+、100W+，是大部分短视频爱好者一直以来的梦想。本书主要介绍运用剪映电脑版制作短视频的各种技巧，帮助读者更快、更好地制作出理想的专业视频效果。

随书赠送：所有案例的教学视频（90 集）、240 多款案例素材和效果文件，额外赠送 30种常用运镜教学视频，以及教学 PPT、电子教案。

书中通过 14 章的内容，精心讲解了剪映的剪辑、调色、变速、滤镜、转场、动画、贴纸、特效、字幕、蒙版、背景、音频、音效及关键帧等核心功能，同时精选了抖音、快手上的热门案例和实用案例，如抠图换景、流行调色、文字动画、卡点视频、动态相册、蒙版合成、片头片尾、节日视频、电影特效、电影解说以及广告宣传等，帮助读者轻松成为视频剪辑高手！

本书结构清晰，实战性强，适合对短视频、中长视频剪辑感兴趣的读者阅读，还能作为培训班、院校等的教材使用。

图书在版编目（CIP）数据

剪映视频剪辑从小白到大师：电脑 / 龙飞编著. —2版.
—北京：化学工业出版社，2023.5
ISBN 978-7-122-43250-6

Ⅰ.①剪… Ⅱ.①龙… Ⅲ.①视频编辑软件 Ⅳ.①TP317.53

中国国家版本馆CIP数据核字（2023）第060340号

责任编辑：李 辰 孙 炜　　　　　　　封面设计：异一设计
责任校对：宋 夏　　　　　　　　　　装帧设计：盟诺文化

出版发行：化学工业出版社（北京市东城区青年湖南街 13 号　邮政编码 100011）
印　　装：北京瑞禾彩色印刷有限公司
710mm×1000mm　1/16　印张17　字数400千字　2024年1月北京第2版第1次印刷

购书咨询：010-64518888　　　　　　　售后服务：010-64518899
网　　址：http://www.cip.com.cn
凡购买本书，如有缺损质量问题，本社销售中心负责调换。

定　　价：98.00 元

前　言

一、剪映特色

目前抖音的日活跃用户已达6亿，而剪映作为抖音的官方标配剪辑软件，为抖音用户广而用之，它的功能越来越强大，使用起来也越来越简捷。目前，剪映已经发布了手机版、iPad版和电脑版，电脑版又分为Windows版和Mac版两个版本。

《剪映视频剪辑从小白到大师（电脑版）》的第1个版本就是使用剪映Mac版所编写的，而本书则在第1个版本的基础上进行了升级，是使用剪映Windows系统所编写的第2个版本。这两个版本的核心功能其实是一样的，只是因为系统不同，操作界面略有区别，但都不影响使用。

同比其他软件，根据笔者多年的使用经验，剪映Windows版具有以下三大特色：

一是配置低：剪映Mac版需要苹果计算机才能安装使用，而剪映Windows版，无论是Windows 7、Windows 10还是Windows 11等计算机，都可以安装使用。相比而言，同类Premiere和After Effects对计算机的配置要求高很多，一个容量上G的效果，需要渲染几个小时，有些容量几十G的视频，一般要渲染一个通宵才能完成，而利用剪映只需十几分钟即可。

二是上手快：Premiere和After Effects的菜单、命令、功能太多，而剪映是扁平化界面，核心功能在界面中一目了然，学起来更容易、更轻松，上手更快！

三是功能强：以前，很多只有在Premiere和After Effects中才能制作出的影视特效、商业广告，现在在剪映中也能制作出来，无论是剪辑的方便性、快捷性还是功效性，剪映都优于两个老牌软件。

二、高阶功能

同时，剪映电脑版还拥有更多高阶功能，可以覆盖后期剪辑任务的全部场景，满足用户的各类剪辑需求。

（1）多轨剪辑：支持多个视频轨道、字幕轨道、特效轨道、滤镜轨道、贴纸轨道和音频轨道的编辑，帮助用户轻松处理各种繁复的编辑项目。

（2）曲线变速：内置了多种专业变速预设参数，用户可以一键添加变速效果，让随手拍摄的生活视频片段也可以展现出大片感。

（3）蒙版合成：内置了多种类型的蒙版，配合关键帧的使用，为用户带来多元化的后期玩法，可以丰富多视频轨道的创作效果，打造出超乎想象的画面感。

（4）滤镜调色：内置了多种滤镜效果及专业的调色功能，用户可以根据需求，调出不同的网红色调和影视色调，加强对美感的培养，制作出更多精彩的、好看的视频。

（5）智能识别：内置AI（Artificial Intelligence，人工智能）智能语音识别功能，能够智能识别字幕和歌词，为视频自动匹配文稿，利用它，为视频批量添加字幕不再是用户的烦恼。通过AI智能语音功能，还可以对添加的字幕进行文本朗读，并使用不同的语音包进行配音，让用户无须自己动口，就能为视频匹配视频解说。

（6）抠图抠像：通过"色度抠图"功能可以对素材进行色彩抠像；通过"智能抠像"功能，可以将视频中的人物抠出来，轻松合成创意视频。

（7）海量素材：拥有丰富的素材库，其中囊括了数千种热门素材，包括音频、文本、贴纸、特效、动画、转场和滤镜等，而且这些素材还会实时更新，能够满足用户的不同创作需求，让视频画面更加丰满。

（8）极致体验：用户可以根据需要设置输出视频的分辨率、码率、帧率和格式等参数，最高支持4K分辨率和60fps帧率，以及3档码率可调整，输出的作品画面更优质，兼容性更强。

三、升级要点

从手机到计算机，从短视频到中视频和长视频，剪映电脑版能够让用户更加简单高效地创作自己的作品，用影像更好地去展现每一个精彩的片段。

随着自媒体内容形式的发展，用户体验差的图文内容已经逐渐疲软，变现变得越来越困难，而视频自媒体则因为有更好的观看体验，各大平台也越来越重视短视频和中视频的布局。如果读者也想要在视频的风口上"飞起来"，那么赶紧看看这本书，里面一定会有你想要的内容。

同第1版相比，本书的升级要点体现在以下3点。

（1）功能升级，完善讲解：剪映电脑版一直在不断升级，同时功能也在不断新增与完善，如关键帧、文稿匹配、文字模板、调色预设、素材搜索框及抠图抠像等功能，针对这些新增的功能，本书进行了详细讲解。

（2）全新案例，实用更强：现在是"视频时代"，各大平台上的视频内容层出不穷，人们对视频后期剪辑的需求也越来越广，因此本书不仅在软件上进行了升级，在案例上更是进行了"升级"，比原来的案例实用性更强，还新增了片头片尾、节日视频、电影解说及广告宣传等案例。

（3）效果精美，视听享受：剪映只是用来剪辑视频的工具，要想创作出一个好的作品一定要有美的意识，本书案例效果精美，扫描二维码即可查看，并且每个效果都匹配了好听的背景音乐，让读者可以感受到"视听"美。

四、本书亮点

除上述3个优势，本书的亮点还有以下4个。

（1）技巧为主，纯粹干货：课程设计体系化，共14个章节内容，全书通过70多个实用性超强的干货技巧，采用实战案例讲解，步骤详细，可以帮助大家从新手快速成为视频后期制作高手。

（2）配套视频，同步教学：本书配备了90集与案例同步的教学视频，读者可以边学边看，如同老师在身边手把手教学，可以帮助用户更轻松、更高效！

（3）扫二维码，随时观看：本书在每个实例处都配备了二维码，使用手机扫一扫，就可以随时随地在手机上观看效果视频和教学视频。

（4）额外赠送，超值拥有：剪映主要是侧重视频的后期剪辑，为了方便读者学到前期的视频拍摄技巧，笔者特意精心准备了30款常用运镜拍摄方法的教学视频送给读者，如果读者想学习更多运镜技巧，请看笔者的另一本书《视频运镜技巧119招：从脚本、拍摄到剪辑》，最后，为了方便有些学校采用本书作为教材使用，还制作了PPT教学课件和电子教案。

本书由龙飞编著，参与编写的人员还有刘华敏，提供视频素材和拍摄帮助的人员还有向小红、邓陆英、苏苏、巧慧及燕羽等人，在此表示感谢。由于作者知识水平有限，书中难免有疏漏之处，恳请广大读者批评、指正，联系微信：157075539。

特别提示：本书在编写时，是基于当前剪映电脑版软件所截取的实际操作图片，但本书从编辑到出版需要一段时间，在这段时间里，软件界面与功能会有调整与变化，比如有些功能被删除了，或者增加了一些新功能等，这些都是软件开发商做的软件更新。若图书出版后相关软件有更新，请以更新后的实际情况为准，根据书中的提示，举一反三进行操作即可。

编著者

目　录

第 1 章

剪辑师速成：快速入门剪映电脑版

1.1　掌握剪映的基本操作

剪映电脑版是由抖音官方出品的一款视频剪辑软件，它拥有清晰的操作界面和强大的面板功能，同时也延续了剪映手机App版全能易用的操作风格，非常适用于各种专业的剪辑场景。本节将向大家介绍剪映电脑版的基本操作方法，帮助大家快速入门。

1.1.1　了解剪映的工作界面

在桌面上双击剪映图标，打开剪映软件，即可进入剪映首页，如图1-1所示。

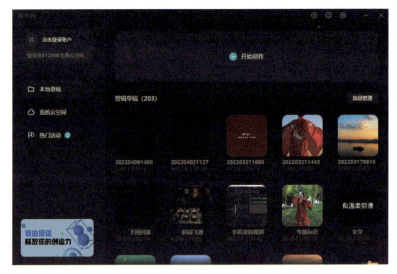

图 1-1　剪映首页

在首页左上角单击"点击登录账户"按钮，即可登录抖音账号，获取用户在抖音上的公开信息（头像、昵称、地区和性别等）和在抖音内收藏的音乐列表。

图1-2所示为"剪辑草稿"面板，其中显示了用户所创建的文件，❶单击"批量管理"按钮，可以对草稿文件进行批量删除；❷将鼠标移至草稿文件的缩略图上并单击右下角显示的█按钮，打开下拉列表框；❸选择"备份至"选项，可以将该草稿进行云端备份，在"我的云空间"面板中可以查看备份的草稿；❹选择"重命名"选项，可以为草稿文件命名；❺选择"复制草稿"选项，可以复制一个一模一样的草稿文件；❻选择"删除"选项，即可将当前草稿删除。

图 1-2 "剪辑草稿"面板

在首页左侧的面板中，❶选择"我的云空间"选项；❷可以切换至对应的面板中，如图1-3所示。单击"点击登录"按钮，即可在登录账号后，免费获得512M云空间，将重要的草稿文件进行备份。

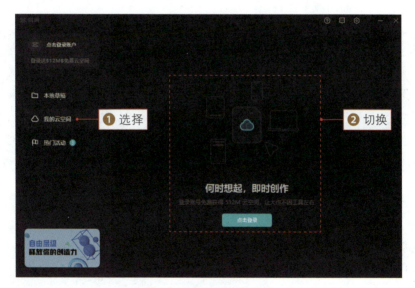

图 1-3 "我的云空间"面板

❶选择"热门活动"选项；❷切换至"热门活动"面板，如图1-4所示。在该面板中显示了由官方推出的多项投稿活动，用户如果对活动感兴趣，可以选择相应的活动项目，通过参与活动获得收益。

图1-4　"热门活动"面板

　　在剪映首页单击"开始创作"按钮➕或选择一个草稿文件，即可进入视频剪辑界面，其界面组成如图1-5所示。

图1-5　视频剪辑界面

功能区：功能区中包括了剪映的媒体、音频、文本、贴纸、特效、转场、滤镜及调节等八大功能模块。

操作区：操作区中提供了画面、音频、变速、动画及调节等调整功能，当用户选择轨道上的素材后，操作区就会显示对应的调整功能。

"播放器"面板：在"播放器"面板中显示了两个时间码，第1个时间码表示时间位置，第2个时间码表示视频总时长；单击"画质"下拉按钮，在打开的下拉列表框中有两个选项可供选择，分别是"性能优先"和"画质优先"，如果选择"性能优先"选项，将优先保证视频的播放流畅度，如果选择"画质优先"选项，将优先保证画面分辨率，保证视频清晰播放；单击"播放"按钮▶，即可在预览窗口中播放视频效果；单击 按钮，即可在预览窗口中显示示波器面板，辅助视频调色操作；单击"适应"按钮，可在打开的下拉列表框中选择相应的画布尺寸比例，可以调整视频的画面尺寸大小；单击 按钮，即可进入全屏状态，查看视频画面效果。

时间线面板：在该面板中提供了选择、切割、撤销、恢复、分割、删除、定格、倒放、镜像、旋转及裁剪等常用的剪辑功能，当用户将素材拖曳至该面板中时，便会自动生成相应的轨道。

1.1.2　快速导入视频素材

扫码看教学视频

【效果展示】：在剪映中剪辑短视频的第一步就是导入视频素材，然后才能对视频素材进行加工处理，效果如图1-6所示。

图1-6　导入视频效果展示

下面介绍在剪映中导入短视频素材的操作方法。

步骤01 进入视频剪辑界面，在"媒体"功能区中单击"导入"按钮，如图1-7所示。

步骤02 弹出"请选择媒体资源"对话框，选择相应的视频素材，如图1-8所示。

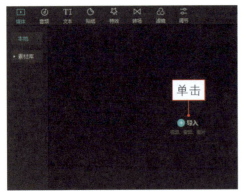

图 1-7　单击"导入"按钮

图 1-8　选择相应的视频素材

步骤03 单击"打开"按钮，将视频素材导入到"本地"选项卡中，如图1-9所示。

图 1-9　导入视频素材

步骤04 选择视频素材，在预览窗口中即可自动播放视频效果，如图 1-10 所示。

步骤05 单击素材缩略图右下角的"添加到轨道"按钮 ➕，即可将导入的视频添加到视频轨道中，如图1-11所示。

图 1-10　预览视频效果

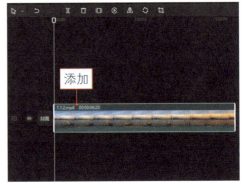

图 1-11　将视频添加到视频轨道中

1.1.3　掌握缩放轨道的方法

在时间线面板中，用户可以根据需要缩放轨道，调整视频的可视长度，下面接着1.1.2节的内容介绍缩放轨道的操作方法。

步骤01 在时间线面板的右上角，有一个缩放轨道的滑块，向右拖曳滑块至合适位置，即可放大轨道，使视频的可视长度变长，效果如图1-12所示。

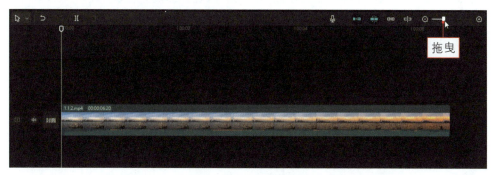

图 1-12　向右拖曳滑块

步骤02 单击滑块左右两端的"时间线缩小"按钮 和"时间线放大"按钮 ，也可以调整视频的可视长度，例如单击"时间线缩小"按钮 ，即可缩小轨道，使视频的可视长度变短，效果如图1-13所示。

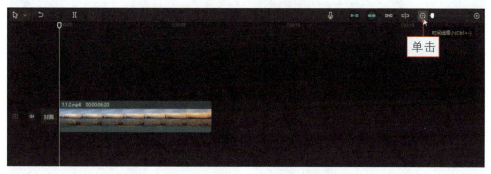

图 1-13　单击"时间线缩小"按钮

1.1.4　复制和替换视频素材

【效果展示】：在剪映中，可以复制视频素材，也可以替换视频素材，当制作好的视频效果可以套用到其他视频上时，便可以通过剪映的"替换"功能一键套用。替换素材前后的对比效果如图1-14所示。

图 1-14 原素材和替换素材后的效果展示

下面介绍在剪映中复制和替换视频素材的方法。

步骤 01 在视频轨道中添加一个视频素材，选择视频素材，单击鼠标右键，弹出快捷菜单，选择"复制"命令，如图1-15所示。

步骤 02 执行操作后，即可复制视频素材，按【Ctrl+V】组合键，即可将复制的视频素材粘贴到画中画轨道中，效果如图1-16所示。

步骤 03 在"媒体"功能区中，导入第2个视频素材，如图1-17所示。

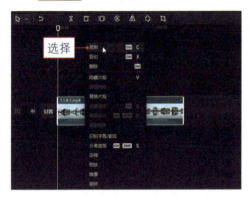 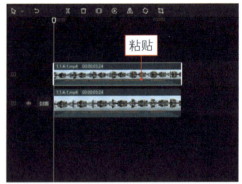

图 1-15 选择"复制"命令　　　　　　　　图 1-16 粘贴视频素材

步骤 04 选择第2个视频素材，将其拖曳至画中画轨道中的视频上，如图1-18所示。

 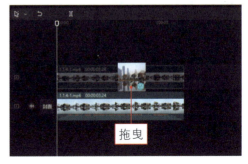

图 1-17 导入第 2 个视频素材　　　　　　图 1-18 拖曳第 2 个视频素材

步骤 **05** 释放鼠标，弹出"替换"对话框，单击"替换片段"按钮，如图1-19所示。

步骤 **06** 执行操作后，即可替换画中画轨道中的视频，效果如图1-20所示。

图 1-19　单击"替换片段"按钮

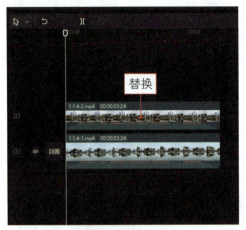

图 1-20　替换画中画轨道中的视频

1.1.5　导出高清质感的画面

【效果展示】：视频剪辑处理完成后，在剪映的"导出"对话框中设置相关参数，可以让视频画质更加高清，播放速度更加流畅。设置导出参数之后的效果如图1-21所示。

扫码看案例效果　　扫码看教学视频

图 1-21　导出视频效果展示

下面介绍在剪映中导出视频并设置相关参数的操作方法。

步骤 **01** 打开一个剪映草稿文件，此时视频轨道中的素材时长已被裁剪，如图1-22所示。

步骤 **02** 单击界面右上角的"导出"按钮，如图1-23所示。

图 1-22　打开草稿文件

图 1-23　单击"导出"按钮

步骤 03 弹出"导出"对话框，在"作品名称"文本框中更改名称，如图1-24所示。

步骤 04 单击"导出至"右侧的▭按钮，弹出"请选择导出路径"对话框，❶选择相应的保存路径；❷单击"选择文件夹"按钮，如图1-25所示。

图 1-24　更改作品名称

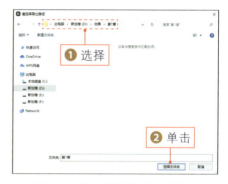

图 1-25　单击"选择文件夹"按钮

步骤 05 在"分辨率"下拉列表框中选择4K选项，可以让导出的视频素材画质更加高清，如图1-26所示。

步骤 06 在"码率"下拉列表框中选择"更高"选项，也能提高视频分辨率，如图1-27所示。

图 1-26　选择 4K 选项

图 1-27　选择"更高"选项

步骤07 设置默认的"编码"和"格式"选项，方便视频素材导出之后的压缩和播放，如图1-28所示。

步骤08 ❶在"帧率"下拉列表框中选择50fps选项，让视频播放速度更加流畅；❷单击"导出"按钮，如图1-29所示。

图1-28　设置默认的"编码"和"格式"选项

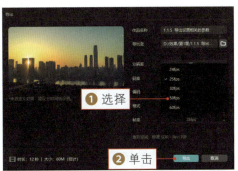

图1-29　单击"导出"按钮

步骤09 导出完成后，❶单击"西瓜视频"按钮 ，即可打开浏览器，发布视频至西瓜视频平台；❷单击"抖音"按钮 ，即可发布视频至抖音平台；如果用户不需要发布视频，❸单击"关闭"按钮，即可完成视频的导出操作，如图1-30所示。

图1-30　单击"关闭"按钮

★ 专家指点 ★

在导出过程中，如果发现设置错误，此时可以单击"取消"按钮取消导出。完成导出操作后，会返回视频剪辑界面，如果需要查看导出的视频，可以在导出的路径文件夹中找到导出的视频，查看其是否可以正常播放。

1.2　掌握剪映的剪辑功能

剪映电脑版功能强大，为用户提供了分割、删除、定格、倒放、镜像、旋转、视频防抖及美颜等剪辑功能，用户只有掌握这些基本的剪辑功能，才能快速入门。

1.2.1 视频的基本剪辑方法

扫码看案例效果　扫码看教学视频

【效果说明】：在剪映中导入素材后，就可以进行基本的剪辑操作了。当导入的素材时长太长时，可以对素材进行分割操作，将多余的视频片段删除，只留下需要的片段，从而突出原始视频素材中的重点画面。剪辑素材之后的效果如图1-31所示。

图 1-31　剪辑素材之后的效果展示

下面介绍在剪映中剪辑视频的操作方法。

步骤01 在剪映视频轨道中，添加一个视频素材，如图1-32所示。

步骤02 ❶将时间指示器拖曳至00:00:06:00位置；❷单击"分割"按钮，如图1-33所示。

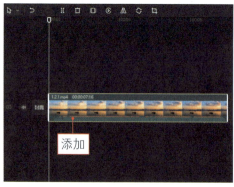

图 1-32　添加一个视频素材　　　　图 1-33　单击"分割"按钮

步骤03 分割视频素材后，❶选择后半段不需要的素材；❷单击"删除"按钮，如图1-34所示。

步骤04 执行操作后，即可删除不需要的素材片段，完成视频的基本剪辑操作，如图1-35所示。

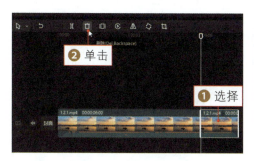

图 1-34　单击"删除"按钮　　　　图 1-35　删除不需要的素材片段

1.2.2　用视频防抖功能稳定画面

扫码看案例效果　扫码看教学视频

【效果说明】：如果拍摄视频时设备不稳定，视频画面一般都会有些晃动，此时剪映新出的视频防抖功能就能发挥作用了，利用该功能可以帮助用户稳定视频画面，一键轻松搞定，效果如图1-36所示。

图 1-36　视频防抖效果展示

下面介绍在剪映中利用"视频防抖"功能稳定画面的操作方法。

步骤01　在视频轨道中，添加视频素材，如图1-37所示。

步骤02　在"画面"操作区中，选择底部下方的"视频防抖"复选框，如图1-38所示。

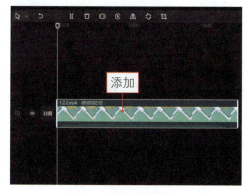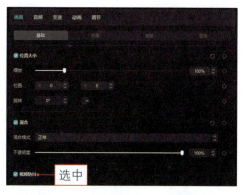

图 1-37　添加视频素材　　　　图 1-38　选择"视频防抖"复选框

步骤 03 在"防抖等级"下拉列表框中包括"推荐""裁切最少""最稳定"3个选项，选择"最稳定"选项，如图1-39所示。

步骤 04 在预览窗口中可以播放视频，查看画面稳定效果，如图1-40所示。

图 1-39　选择"最稳定"选项

图 1-40　查看画面稳定效果

★ 专家指点 ★

如果一次防抖设置不明显，可以导出视频后再导入，重复几次防抖设置，从而稳定画面。

1.2.3　制作画面定格的效果

扫码看案例效果　　扫码看教学视频

【效果展示】：利用剪映中的"定格"功能，可以让视频画面定格在某个瞬间。用户在碰到精彩的画面镜头时，即可使用"定格"功能来延长这个镜头的播放时间，从而增加视频对观众的吸引力，效果如图1-41所示。

图 1-41　画面定格效果展示

下面介绍在剪映中利用"定格"功能定格画面的操作方法。

步骤 01 在视频轨道中，添加视频素材，如图1-42所示。

步骤02 ❶将时间指示器拖曳至视频结尾处；❷单击"定格"按钮▣，如图1-43所示。

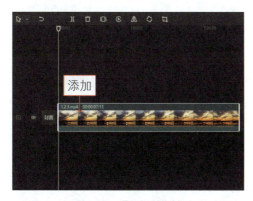

图1-42　添加视频素材

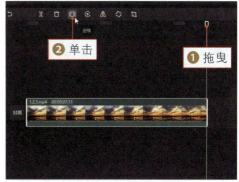

图1-43　单击"定格"按钮

步骤03 执行操作后，即可生成定格片段，如图1-44所示。

步骤04 拖曳定格片段右侧的白色拉杆，即可调整其时间长度，如图1-45所示。

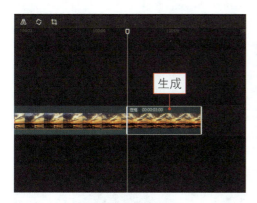

图1-44　生成定格片段

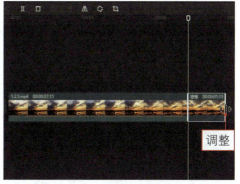

图1-45　调整定格片段的时间长度

1.2.4　对视频进行倒放处理

【效果展示】：在制作一些短视频时，可以将其倒放，从而得到更加具有创意的效果，使视频呈现时光倒流，效果如图1-46所示。

扫码看案例效果　　扫码看教学视频

15

图 1-46　视频倒放效果展示

下面介绍在剪映中对视频进行倒放处理的操作方法。

步骤01 在剪映中导入视频素材并将其添加到视频轨道，如图1-47所示。在预览窗口中可以查看视频画面。

步骤02 ❶选择视频素材，单击鼠标右键；❷在弹出的快捷菜单中选择"分离音频"命令，如图1-48所示。

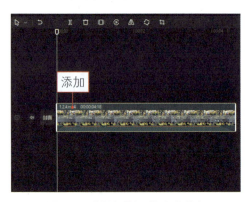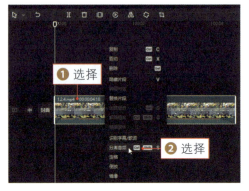

图 1-47　将视频添加到视频轨道中　　　　图 1-48　选择"分离音频"命令

步骤03 执行操作后，即可将视频中的背景音乐分离到音频轨道中，如图1-49所示。

步骤04 ❶选择视频素材；❷单击"倒放"按钮 ◎，如图1-50所示。

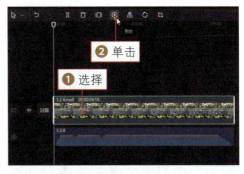

图1-49　分离背景音乐　　　　　　　　　图1-50　单击"倒放"按钮

步骤05 执行上述操作后，即可对视频进行倒放处理，并显示处理进度，如图1-51所示。

步骤06 稍等片刻，即可完成倒放处理，如图1-52所示。

图1-51　显示处理进度　　　　　　　　　图1-52　提示倒放完成

1.2.5　对视频进行旋转镜像

【效果展示】：使用剪映中的"旋转"功能，可以对视频画面进行顺时针90°的旋转操作，能够简单地纠正画布的视角，配合"镜像"功能和"蒙版"功能还可以打造出一些特殊的画面效果，如图1-53所示。

扫码看案例效果　　扫码看教学视频

图1-53　旋转镜像处理视频后的效果展示

17

下面介绍在剪映中对视频进行旋转镜像的操作方法。

步骤01 在剪映中导入一个视频素材，双击视频素材右下角的"添加到轨道"按钮，添加两个重复的素材到视频轨道中，如图1-54所示。

步骤02 选择后一段视频素材，❶按住鼠标左键将其拖曳至上方的画中画轨道中；❷选择视频轨道上的素材；❸连续单击两次"旋转"按钮；❹并单击"镜像"按钮，翻转视频画面，如图1-55所示。

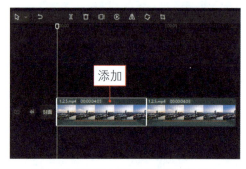

图1-54 添加两个重复素材到视频轨道中　　　图1-55 旋转并镜像视频画面

步骤03 执行上述操作后，即可形成垂直翻转的画面效果，如图1-56所示。

步骤04 在预览窗口中，适当调整视频轨道和画中画轨道中视频的画面位置，形成上下对称的画面效果，如图1-57所示。

图1-56 垂直翻转画面　　　　　　　　图1-57 调整视频位置

★ 专家指点 ★

利用剪映中的"镜像"功能，可以对视频画面进行水平镜像翻转操作，主要用于纠正画面视角或者打造多屏播放效果。

步骤05 在"画面"操作区的"蒙版"选项卡中，❶选择"线性"蒙版；❷单击"反转"按钮，如图1-58所示。

步骤 06 在预览窗口中，调整线性蒙版的位置，使两个视频画面交叠的位置融合衔接，如图1-59所示。

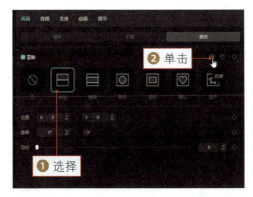

图 1-58　单击"反转"按钮

图 1-59　调整线性蒙版的位置

1.2.6　对人像视频进行美颜处理

【效果展示】：在剪映的"画面"操作区中，选择"美颜"复选框，在下方调整"瘦脸"参数，可以为视频中的人物进行瘦脸处理；调整"磨皮"参数，可以为

扫码看案例效果　　扫码看教学视频

视频中的人物进行磨皮处理，去除人物皮肤上的瑕疵、斑点等，使人物皮肤看起来更光洁、更靓丽，效果如图1-60所示。

图 1-60　对人像视频进行美颜处理后的效果展示

19

下面介绍在剪映中对人像视频进行美颜处理的操作方法。

步骤01 在剪映中导入一个视频素材，双击视频素材右下角的"添加到轨道"按钮➕，添加两个重复的素材到视频轨道中，如图1-61所示。

步骤02 ❶将时间指示器拖曳至00:00:01:20位置；❷选择第2段视频素材，如图1-62所示。

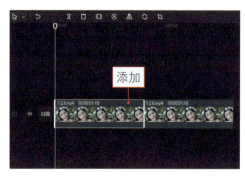

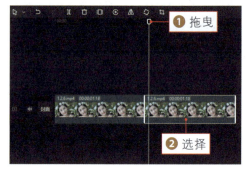

图1-61 添加两个重复素材到视频轨道中　　　　图1-62 选择第2段视频素材

步骤03 在预览窗口中，可以预览视频画面效果，可以看到人物脸部有许多斑点瑕疵，如图1-63所示。

步骤04 ❶切换至"画面"操作区；❷选择"美颜"复选框；❸拖曳"磨皮"滑块和"瘦脸"滑块至最右端，将参数调整为最大值，如图1-64所示。

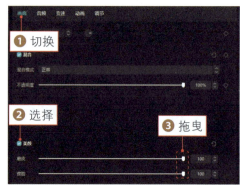

图1-63 预览视频画面效果　　　　图1-64 拖曳相应滑块

步骤05 将时间指示器拖曳至开始位置，❶切换至"特效"功能区；❷展开"基础"选项卡；❸单击"变清晰"特效中的"添加到轨道"按钮➕，如图1-65所示。

步骤06 执行上述操作后，即可添加一个"变清晰"特效，并适当调整特效的时长，如图1-66所示。

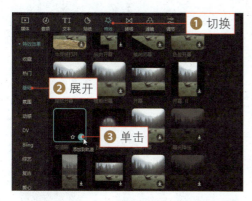

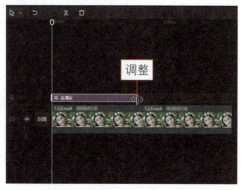

图1-65　单击"添加到轨道"按钮（1）　　　　图1-66　调整"变清晰"特效时长

步骤07 执行操作后，将时间指示器拖曳至第2段视频的开始位置处，在"特效"功能区中，❶展开"氛围"选项卡；❷单击"星光绽放"特效中的"添加到轨道"按钮 ➕ ，如图1-67所示。

步骤08 执行操作后，即可在轨道上添加一个"星光绽放"特效，并适当调整特效的时长，如图1-68所示。

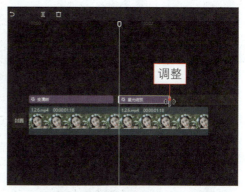

图1-67　单击"添加到轨道"按钮（2）　　　图1-68　调整"星光绽放"特效的时长

步骤09 选中第2段视频，在"动画"操作区的"入场"选项卡中，选择"向右甩入"动画，如图1-69所示。执行上述操作后，添加一段合适的背景音乐，在预览窗口中播放视频，预览视频中人物美颜处理后的效果。

图1-69　选择"向右甩入"动画

21

第 2 章

调色师技巧：调出各种流行色调

2.1 掌握剪映的基本调色功能

在剪映中，用户可以通过多种方式对视频进行调色处理，如运用滤镜效果、"调节"功能、LUT工具及预设调色效果等。运用"线性"蒙版，还可以制作素材与效果划像对比视频。本节主要帮助用户掌握剪映中基本的调色功能。

2.1.1 运用滤镜为风景视频调色

扫码看案例效果　扫码看教学视频

【效果展示】：在剪映的"滤镜"功能区中，为用户提供了非常丰富的滤镜效果，使用滤镜调色，能让视频画面焕然一新。原图与效果对比如图2-1所示。

图2-1　原图与效果对比展示

下面介绍在剪映中运用滤镜为风景视频调色的操作方法。

步骤01 在视频轨道中，添加一个视频素材，如图2-2所示。

步骤02 在"滤镜"功能区中，❶展开"风景"选项卡；❷单击"绿妍"滤镜中的"添加到轨道"按钮 ，如图2-3所示。

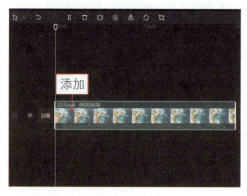 

图2-2　添加视频素材　　　　图2-3　单击"添加到轨道"按钮

23

步骤03 执行操作后，即可在轨道上添加"绿妍"滤镜，如图2-4所示。

步骤04 拖曳滤镜右侧的白色拉杆，调整其时长与视频时长一致，如图2-5所示。

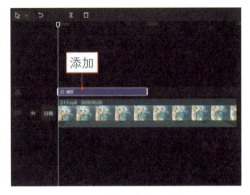

图 2-4　添加"绿妍"滤镜

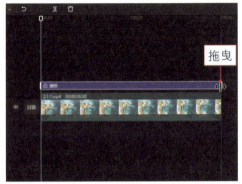

图 2-5　拖曳白色拉杆

步骤05 在"滤镜"操作区中，设置"强度"参数为90，如图2-6所示，调整滤镜的使用程度。

图 2-6　设置"强度"参数

2.1.2　运用调节功能调节画面色彩

【效果展示】：滤镜并不一定能适配所有视频，此时可以通过剪映中的"调节"功能对视频的明亮度和色彩进行调节处理。原图与效果对比如图2-7所示。

扫码看案例效果　扫码看教学视频

图 2-7 原图与效果对比展示

下面介绍在剪映中运用调节功能调节画面色彩的操作方法。

步骤 01 在视频轨道中，添加一个视频素材，如图2-8所示。

步骤 02 在"调节"功能区中，单击"自定义调节"中的"添加到轨道"按钮，如图2-9所示。

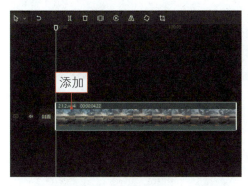
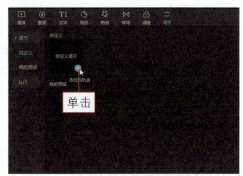

图 2-8 添加视频素材　　　　　　　　图 2-9 单击"添加到轨道"按钮

步骤 03 执行操作后，即可在轨道上添加"调节1"效果，如图2-10所示。

步骤 04 拖曳"调节1"右侧的白色拉杆，调整其时长与视频时长一致，如图2-11所示。

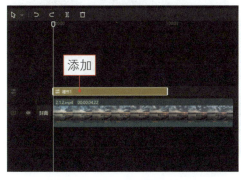
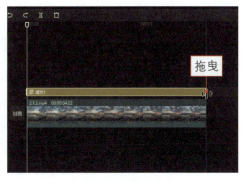

图 2-10 添加"调节 1"效果　　　　　　图 2-11 拖曳白色拉杆

步骤05 在"调节"操作区的"基础"选项卡中，设置"色温"参数为15，如图2-12所示，使整体画面偏暖色调。

图2-12 设置"色温"参数

步骤06 设置"饱和度"参数为30，如图2-13所示，使画面色彩更加浓郁。

图2-13 设置"饱和度"参数

步骤07 设置"亮度"参数为8，如图2-14所示，提高画面整体明度。

图2-14　设置"亮度"参数

步骤08 设置"对比度"参数为-5，如图2-15所示，降低画面明暗对比度。

图2-15　设置"对比度"参数

步骤09 设置"高光"参数为7，如图2-16所示，使画面中的明亮区域变得更亮一些。

图2-16　设置"高光"参数

步骤 10 设置"阴影"参数为-8，如图2-17所示，使画面中的暗处变得更暗一些。

图2-17　设置"阴影"参数

步骤 11 设置"光感"参数为-25，如图2-18所示，降低画面中的光线亮度，使光线更加饱和一些。

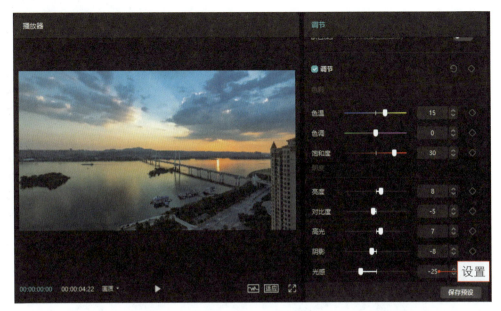

图 2-18　设置"光感"参数

步骤12 设置"锐化"参数为10，如图2-19所示，使画面中的线条和棱角变得清晰一些。执行上述操作后，即可完成调色操作。

图 2-19　设置"锐化"参数

2.1.3 运用LUT工具调出高级大片

LUT是指显示查找表（Look-Up-Table），用简单易懂的说法就是：用户通过添加LUT后，可以将原始的RGB值输出为设定好的RGB值，从而改变画面的色相与明度。

扫码看案例效果　扫码看教学视频

LUT工具看起来很复杂，其实与滤镜功能有些相似，它们都是调色的模板，但不同之处在于滤镜是对画面的整体产生影响，如黄色的画面不可能通过添加滤镜而变绿，相反，LUT工具则非常自由，可以改变色相、明度和饱和度等参数。

【效果展示】：在调色网站中可以下载LUT文件，下载好以后，就可以把LUT文件导入到剪映中，之后就可以应用LUT工具调色了。原图与效果对比如图2-20所示。

图 2-20　原图与效果对比展示

下面介绍在剪映中运用LUT工具调出高级大片的操作方法。

步骤 01 在视频轨道中，添加一个视频素材，如图2-21所示。

步骤 02 在"调节"功能区中，切换至LUT选项卡，如图2-22所示。

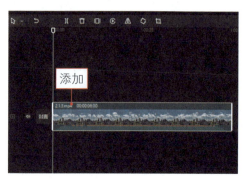 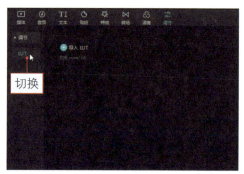

图 2-21　添加视频素材　　　　　　图 2-22　切换至 LUT 选项卡

★ 专家指点 ★

LUT 主要来源于厂商和部分商业性的网站，主要格式有 3DL、cube、CSP、ICC 配置文件。通常在剪映中应用最多的 LUT 格式是 cube，当然由于设备的差异，格式表现会有所区别。在 LUTCalc 网站可以下载和调试技术转换类的 LUT。

步骤 03 单击"导入LUT"按钮，如图2-23所示。

步骤 04 ❶在弹出的对话框中选择LUT Drone（for Flat Footage）效果；❷单击"打开"按钮，如图2-24所示。

图 2-23　单击"导入 LUT"按钮

图 2-24　单击"打开"按钮

步骤 05 执行操作后，即可在LUT选项卡中查看导入的LUT效果，如图2-25所示。

步骤 06 单击LUT Drone（for Flat Footage）效果右下角的"添加到轨道"按钮，如图2-26所示。

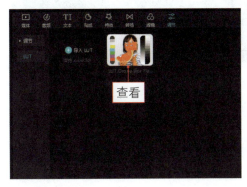

图 2-25　查看导入的 LUT 效果

图 2-26　单击"添加到轨道"按钮

步骤 07 执行操作后，即可在轨道中添加LUT效果，此时效果缩略图上显示的名称为"调节1"，如图2-27所示。

步骤 08 调整 "调节1" 效果的时长与视频时长一致，如图2-28所示。

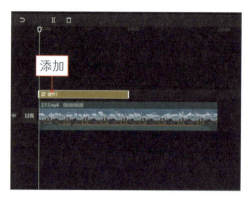

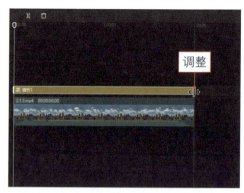

图 2-27　添加 LUT 效果　　　　　　　图 2-28　调整 "调节 1" 效果的时长

步骤 09 在 "调节" 操作区中，设置 "强度" 参数为80，如图2-29所示，微微调整画面的色彩。

图 2-29　设置 "强度" 参数

2.1.4　通过创建预设保存调色模板

扫码看案例效果　　扫码看教学视频

【效果展示】：在剪映中，通过创建具有个人风格的调色预设模板，可以节约用户调色的时间，对于用户来说，既方便又实用。在剪映中，保存好的调色预设是不变的，但后期可以根据画面需要，编辑和调节相关参数，让画面色彩呈现出理想的效果。原图与效果对比如图2-30所示。

图2-30 原图与效果对比展示

下面介绍在剪映中通过创建预设保存调色模板的操作方法。

步骤01 在视频轨道中，添加一个视频素材，如图2-31所示。

步骤02 在"调节"功能区中，单击"自定义调节"中的"添加到轨道"按钮 ，如图2-32所示。

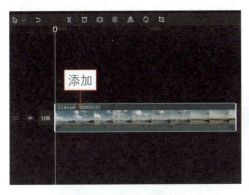

图2-31 添加视频素材

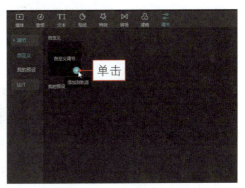

图2-32 单击"添加到轨道"按钮

步骤03 执行操作后，即可在轨道上添加"调节1"效果，如图2-33所示。

步骤04 拖曳"调节1"右侧的白色拉杆，调整其时长与视频时长一致，如图2-34所示。

步骤05 在"调节"操作区的"基础"选项卡中，设置"色温"参数为-15，如图2-35所示，使整体画面偏蓝一些。

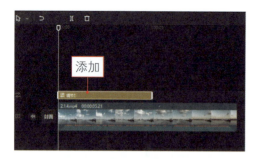

图 2-33　添加"调节 1"效果　　　　　　图 2-34　拖曳白色拉杆

图 2-35　设置"色温"参数

步骤 06 设置"饱和度"参数为40，如图2-36所示，使画面中的色彩更加浓郁、鲜明。

图 2-36　设置"饱和度"参数

步骤 **07** 设置"亮度"参数为-8，如图2-37所示，降低画面整体明度。

图 2-37　设置"亮度"参数

步骤 **08** 设置"对比度"参数为10，如图2-38所示，提高画面明暗对比度。

图 2-38　设置"对比度"参数

步骤 **09** 设置"高光"参数为10，如图2-39所示，使画面中的明亮区域变得更亮一些。

图 2-39 设置"高光"参数

步骤 10 设置"阴影"参数为15，如图2-40所示，使画面中的暗处变得更亮一些。

图 2-40 设置"阴影"参数

步骤 11 ❶设置"光感"参数为15，提高画面中的光线亮度；❷单击"保存预设"按钮，如图2-41所示。

图 2-41 单击"保存预设"按钮

步骤 12 弹出"保存调节预设"对话框，如图2-42所示。

步骤 13 在文本框中输入预设名称，如图2-43所示。

图 2-42 "保存调节预设"对话框

图 2-43 输入预设名称

步骤 14 单击"保存"按钮，即可在"调节"功能区的"调节"|"我的预设"选项卡中，查看保存的预设调色模板，如图2-44所示。

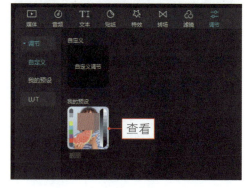

图 2-44 查看保存的预设调色模板

37

2.1.5 通过蒙版功能进行季节交替

【效果展示】：在剪映中，蒙版起着遮罩画面的作用，为蒙版添加关键帧，可以让蒙版"动"起来。在剪映中使用"线性"蒙版，可以制作出季节划像交替的效果，效果如图2-45所示。

图 2-45　季节交替效果展示

下面介绍在剪映中通过蒙版制作季节交替效果的操作方法。

步骤 01 在视频轨道中，添加一个视频素材，如图2-46所示。

步骤 02 在"滤镜"功能区中，切换至"黑白"选项卡，如图2-47所示。

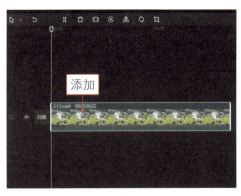  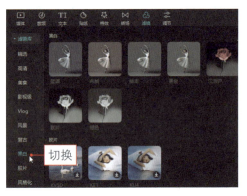

图 2-46　添加视频素材　　　　图 2-47　切换至"黑白"选项卡

步骤 03 单击"默片"滤镜中的"添加到轨道"按钮 <kbd>+</kbd>，如图2-48所示。

步骤 04 执行上述操作后，即可添加"默片"滤镜，调整其时长与视频时长一致，如图2-49所示。

步骤 05 在"调节"操作区中，设置"亮度"参数为10、"对比度"参数为-30、"高光"参数为10、"光感"参数为-50，将画面调成下雪天的色调，如图2-50所示。

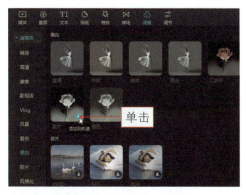

图 2-48 单击"添加到轨道"按钮（1）

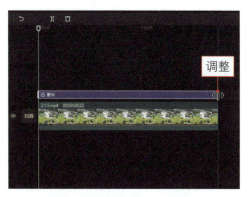

图 2-49 调整"默片"滤镜时长

图 2-50 设置调节相关参数

步骤 06 在"特效"功能区的"圣诞"选项卡中，单击"大雪纷飞"特效中的"添加到轨道"按钮 ，如图2-51所示。

步骤 07 执行操作后，即可添加"大雪纷飞"特效，调整特效时长，使其与视频时长一致，如图2-52所示。执行操作后，将调色视频导出备用。

步骤 08 将轨道清空，在"媒体"功能区中导入前面导出的调色视频，如图2-53所示。

步骤 09 将调色视频添加到视频轨道中，将原视频添加到画中画轨道中，如图2-54所示。

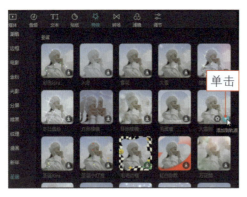

图 2-51　单击"添加到轨道"按钮（2）

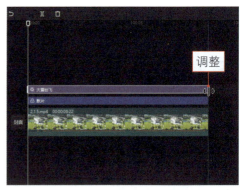

图 2-52　调整"大雪纷飞"特效时长

图 2-53　导入调色视频

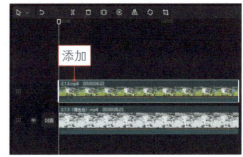

图 2-54　添加视频素材

步骤10 选择画中画轨道中的视频，在"画面"操作区的"蒙版"选项卡中，❶选择"线性"蒙版；❷设置"旋转"角度为90°，如图2-55所示。

步骤11 在预览窗口中，将蒙版拖曳至画面最左侧，如图2-56所示。

图 2-55　设置"旋转"角度

图 2-56　将蒙版拖曳至画面最左侧

步骤12 在"蒙版"选项卡中，点亮"位置"关键帧，如图2-57所示，在开始位置添加一个关键帧。

步骤13 调整两个视频的时长使它们保持一致，并将时间指示器拖曳至视频的结束位置，如图2-58所示。

图 2-57　点亮"位置"关键帧

图 2-58　拖曳时间指示器

步骤14 在预览窗口中，将蒙版拖曳至画面的最右侧，如图2-59所示。

步骤15 执行操作后，"蒙版"选项卡中的"位置"关键帧会自动点亮，如图2-60所示，在结束位置添加第2个关键帧。至此，完成季节交替视频效果的制作。

图 2-59　将蒙版拖曳至画面最右侧

图 2-60　自动点亮关键帧

2.2　掌握多种网红调色技巧

　　网上有很多热门、火爆的网红色调，如黑金色调、青橙色调及森系色调等，极具个性化，广受大众喜爱。在剪映中，同样可以轻而易举地调出这些网红色调，本节将帮助大家掌握多种网红调色技巧。

2.2.1　调出视频黑金色调

　　【效果展示】：黑金色调既绚丽又有神秘感，是以

扫码看案例效果　扫码看教学视频

黑色和金色为主的色调，调色思路是将暖色向金色方向调整，其他颜色的饱和度降低至最低。原图与效果对比如图2-61所示。

图 2-61 原图与效果对比展示

下面介绍在剪映中调出视频黑金色调的操作方法。

步骤01 在视频轨道中，添加一个视频素材，如图2-62所示。

步骤02 拖曳时间指示器至视频00:00:01:29位置，如图2-63所示。

 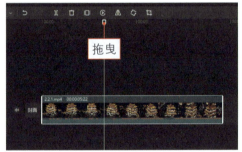

图 2-62 添加视频素材　　　　　　　图 2-63 拖曳时间指示器

步骤03 在"调节"功能区中，单击"自定义调节"右下角的"添加到轨道"按钮 ➕ ，如图2-64所示。

步骤04 执行操作后，即可添加"调节1"效果，调整"调节1"效果的时长，使其对齐视频素材的末尾位置，如图2-65所示。

 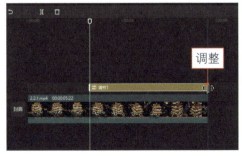

图 2-64 单击"添加到轨道"按钮（1）　　图 2-65 调整"调节 1"效果时长

步骤 05 在"调节"操作区中，❶切换至HSL选项卡；❷选择红色选项 🔴；❸设置"饱和度"参数为-100，降低红色色彩饱和度，如图2-66所示。利用与上同样的方法，设置绿色、青色、蓝色、紫色及洋红色选项的"饱和度"参数均为-100，降低杂色，使暗部色调变成灰色。

图 2-66　设置相应的参数（1）

步骤 06 ❶选择橙色选项 🟠；❷设置"色相"参数为45、"饱和度"参数为100，使画面色调变成金色，如图2-67所示。

图 2-67　设置相应的参数（2）

步骤 07 在"特效"功能区的"自然"选项卡中，单击"孔明灯"特效右下角的"添加到轨道"按钮➕，如图2-68所示，将"孔明灯"特效添加到轨道中。

步骤 08 调整"孔明灯"特效的时长，使其对齐视频素材的末尾位置，如图2-69所示。

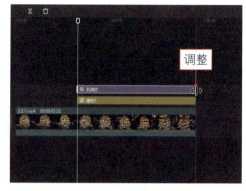

图2-68　单击"添加到轨道"按钮（2）　　　　图2-69　调整"孔明灯"特效的时长

步骤 09 拖曳时间指示器至开始位置，在"特效"功能区的"基础"选项卡中，单击"变清晰"特效右下角的"添加到轨道"按钮➕，如图2-70所示，将"变清晰"特效添加到轨道中。

步骤 10 调整"变清晰"特效的时长，如图2-71所示。执行上述操作后，即可完成黑金色调的操作。

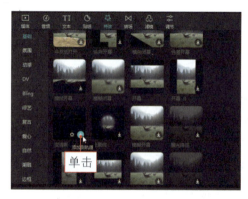

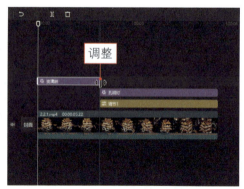

图2-70　单击"添加到轨道"按钮（3）　　　　图2-71　调整"变清晰"特效的时长

2.2.2　调出视频青橙色调

【效果展示】：青橙色调是一种由青色和橙色组成的色调，调色后的视频画面整体呈现青、橙两种颜色，一个为冷色调，一个为暖色调，色彩对比非常鲜明。原图与效果对比如图2-72所示。

扫码看案例效果　扫码看教学视频

图2-72　原图与效果对比展示

下面介绍在剪映中调出视频青橙色调的操作方法。

步骤 01 在视频轨道中，添加一个视频素材，如图2-73所示。

步骤 02 在"滤镜"功能区的"影视级"选项卡中，单击"青橙"滤镜中的"添加到轨道"按钮，如图2-74所示。

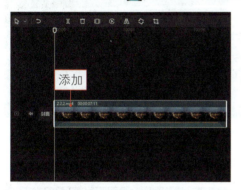

图 2-73　添加视频素材　　　　　　　图 2-74　单击"添加到轨道"按钮（1）

步骤 03 将"青橙"滤镜添加到轨道中，并调整滤镜时长与视频时长一致，如图2-75所示。

步骤 04 在"调节"功能区中，单击"自定义调节"右下角的"添加到轨道"按钮，在轨道中添加"调节1"效果，调整"调节1"效果的时长与视频时长一致，如图2-76所示。

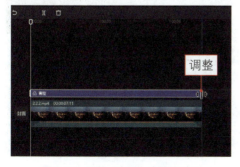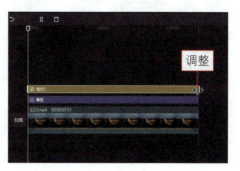

图 2-75　调整"青橙"滤镜的时长　　　图 2-76　调整"调节 1"效果的时长

步骤05 在"调节"操作区的"基础"选项卡中，设置"色温"参数为-15，如图 2-77 所示，使整体画面偏冷色调一些。

图 2-77　设置"色温"参数

步骤06 设置"饱和度"参数为20，如图2-78所示，将画面的整体颜色调浓。

图 2-78　设置"饱和度"参数

步骤07 设置"亮度"参数为25，如图2-79所示，将画面整体亮度调高。

图 2-79 设置"亮度"参数

步骤08 设置"对比度"参数为-5，如图2-80所示，降低画面明暗对比度。

图 2-80 设置"对比度"参数

步骤 09 设置"高光"参数为–25，如图2-81所示，调整画面中的高光亮度，降低曝光。

图 2-81　设置"高光"参数

步骤 10 设置"阴影"参数为40，如图2-82所示，调整画面中的阴影亮度，使暗处变亮。

图 2-82　设置"阴影"参数

步骤11 设置"光感"参数为-5，如图2-83所示，稍微降低一点画面中的光线亮度。

图2-83 设置"光感"参数

步骤12 设置"锐化"参数为13，如图2-84所示，使画面中的线条和棱角变得更清晰一些。至此，完成青橙色调的调色操作。

图2-84 设置"锐化"参数

49

2.2.3　调出蓝天白云色调

扫码看案例效果　扫码看教学视频

【效果展示】：拍摄天空画面时，由于光线的原因，可能拍出来的色彩会比较暗淡，出现曝光过度或者饱和度不高等情况，这时就需要对天空进行调色，将天空调蓝，通过蓝色天空的对比，让云朵显得更白，显现出蓝白对比的画面，让天空看起来更加纯净，使风景更加迷人。原图与效果对比如图2-85所示。

图 2-85　原图与效果对比展示

下面介绍在剪映中调出视频蓝天白云的操作方法。

步骤01 在视频轨道中，添加一个视频素材，如图2-86所示。

步骤02 在"滤镜"功能区的"精选"选项卡中，单击"普林斯顿"滤镜中的"添加到轨道"按钮➕，如图2-87所示。

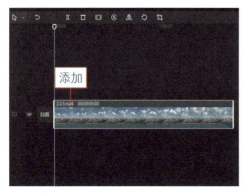

图 2-86　添加视频素材　　　　图 2-87　单击"添加到轨道"按钮（1）

步骤03 添加"普林斯顿"滤镜后，会发现天空的饱和度过高，在"滤镜"操作区中，设置"强度"参数为50，降低滤镜的强度，如图2-88所示。

步骤04 在"调节"功能区中，单击"自定义调节"右下角的"添加到轨道"按钮➕，如图2-89所示。

图 2-88　设置"强度"参数

步骤05 在轨道中，添加"调节1"效果，并调整"调节1"效果和"普林斯顿"滤镜的时长，使其对齐视频素材的时长，如图2-90所示。

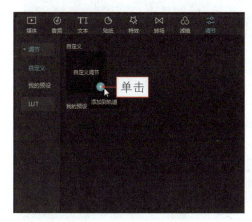

图 2-89　单击"添加到轨道"按钮（2）

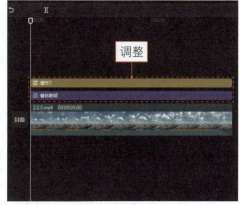

图 2-90　调整时长

步骤06 在"调节"操作区中，设置"色温"参数为12、"色调"参数为13、"饱和度"参数为25，如图2-91所示，调整画面中的色彩。

步骤07 设置"亮度"参数为5、"对比度"参数为10、"高光"参数为10、"阴影"参数为9、"光感"参数为4，如图2-92所示，微调画面的明亮度。

图 2-91　设置相应的参数（1）

图 2-92　设置相应的参数（2）

2.2.4　调出植物森系色调

【效果展示】：植物森系色调的特点是偏墨绿色，是颜色比较暗的一种绿色，能让视频中的植物看起来更有质感。原图与效果对比如图2-93所示。

扫码看案例效果　　扫码看教学视频

图 2-93　原图与效果对比展示

下面介绍在剪映中调出植物森系色调的操作方法。

步骤 01 在视频轨道中，添加一个视频素材，如图2-94所示。

步骤 02 在"滤镜"功能区的"复古"选项卡中，单击"松果棕"滤镜中的"添加到轨道"按钮 ，如图2-95所示。

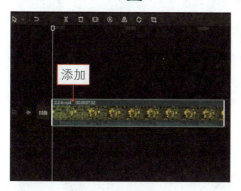

图 2-94　添加视频素材　　　　　图 2-95　单击"添加到轨道"按钮（1）

步骤 03 将"松果棕"滤镜添加到轨道中，并调整滤镜时长与视频素材时长一致，如图2-96所示。

步骤 04 在"调节"功能区中，单击"自定义调节"右下角的"添加到轨道"按钮 ，在轨道中添加"调节1"效果，并调整"调节1"效果的时长与视频素材时长一致，如图2-97所示。

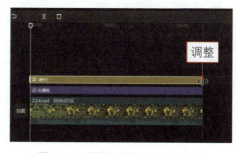

图 2-96　调整"松果棕"滤镜的时长　　　　图 2-97　调整"调节 1"效果的时长

剪映视频剪辑从小白到大师（电脑第2版）

步骤05 在"调节"操作区的"基础"选项卡中，设置"色温"参数为-50，如图2-98所示，使整体画面偏冷色调一些。

图 2-98 设置"色温"参数

步骤06 设置"色调"参数为-50，如图2-99所示，将画面色调调绿。

图 2-99 设置"色调"参数

步骤 07 设置"饱和度"参数为8，如图2-100所示，将画面的整体颜色稍微调浓。

图 2-100　设置"饱和度"参数

2.2.5　调出人物肤白色调

【效果展示】：白皙的肤色会让人像的面貌显得更加精神，因此调色时必须要将暗黄肤色调成健康的白皙色调。原图与效果对比如图2-101所示。

扫码看案例效果　扫码看教学视频

图 2-101　原图与效果对比展示

下面介绍在剪映中调出人物肤白色调的操作方法。

步骤 01 在视频轨道中，添加一个视频素材，如图2-102所示。

步骤02 ❶拖曳时间指示器至视频00:00:01:22位置；❷单击"分割"按钮
❙❙；❸复制并粘贴分割出来的视频素材至画中画轨道中，如图2-103所示。

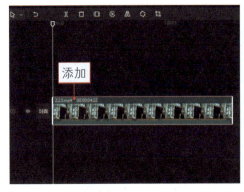

图2-102　添加视频素材

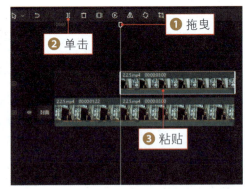

图2-103　复制并粘贴视频素材

步骤03 在"画面"操作区的"抠像"选项卡中，选择"智能抠像"复选
框，如图2-104所示，把画中画视频中的人像抠出来。

图2-104　选中"智能抠像"复选框

步骤04 ❶切换至"基础"选项卡；❷设置"磨皮"参数为100，为人像脸
部进行美颜处理，如图2-105所示。

步骤05 在"调节"操作区的"基础"选项卡中，设置"色温"参数
为-14，如图2-106所示，使画面偏冷色调，让人物肤色变白一些。

图 2-105 设置"磨皮"参数

图 2-106 设置"色温"参数

步骤 06 设置"亮度"参数为12，如图2-107所示，将人物肤色变亮一些。

步骤 07 设置"对比度"参数为7，如图2-108所示，提高明暗对比度。

步骤 08 设置"高光"参数为10，如图2-109所示，调整人物身上的高光亮度。

图 2-107　设置"亮度"参数

图 2-108　设置"对比度"参数

图 2-109　设置"高光"参数

步骤 09 设置"光感"参数为5，如图2-110所示，稍微提亮一点光线亮度。

图 2-110　设置"光感"参数

步骤 10 在"滤镜"功能区的"高清"选项卡中，单击"白皙"滤镜右下角的"添加到轨道"按钮 ，如图2-111所示。

步骤 11 执行操作后，即可添加"白皙"滤镜，如图2-112所示。

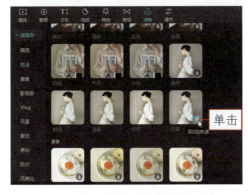

图 2-111　单击"添加到轨道"按钮（1）

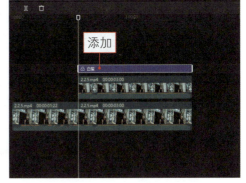

图 2-112　添加"白皙"滤镜

步骤 12 在"滤镜"操作区中，设置"强度"参数为60，使人物肤色和背景画面更加白皙透亮，如图2-113所示。

步骤 13 拖曳时间指示器至起始位置，在"特效"功能区的"基础"选项卡中，单击"变清晰"特效右下角的"添加到轨道"按钮 ，如图2-114所示。

图 2-113　设置"强度"参数

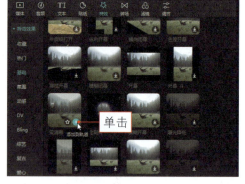

图 2-114　单击"添加到轨道"按钮（2）

步骤14 执行上述操作后，即可添加"变清晰"特效，适当调整特效的时长，如图2-115所示。

步骤15 拖曳时间指示器至视频分割的位置，在"特效"功能区的Bling选项卡中，单击"星河Ⅱ"特效右下角的"添加到轨道"按钮 ，如图2-116所示，添加第2个特效。执行上述操作后，即可完成人物肤白色调的制作。

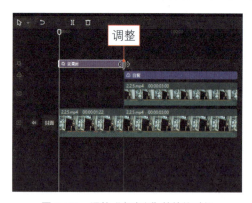

图 2-115　调整"变清晰"特效的时长

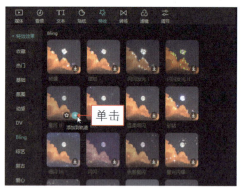

图 2-116　单击"添加到轨道"按钮（3）

2.3　掌握剪映的色轮调色功能

在剪映的"调节"操作区中，共包括"基础"、HSL、"曲线"及"色轮"4个选项卡。

- 在"基础"选项卡中，可以通过调节色彩和明度参数对视频进行基本调色。
- 在HSL选项卡中，可以针对画面中的某一种颜色的色相进行调色。
- 在"曲线"选项卡中，可以通过亮度曲线和RGB曲线对视频画面进行调色。

·在"色轮"选项卡中，有两种调色模式，分别为"一级色轮"模式和"Log色轮"模式，Log色轮模式可以保留图像画面中暗部和亮部的细节，为用户后期调色提供了很大的空间。两种模式都是通过调节4个调色轮的方式进行调色的。

本节将重点介绍"色轮"调色功能，帮助读者快速上手。

2.3.1　认识4个色轮

在"调节"操作区的"色轮"选项卡中，共有"暗部""中灰""亮部""偏移"4个色轮，如图2-117所示。

图 2-117　"色轮"面板

顾名思义，这4个色轮分别用来调整视频画面的阴影部分、中间灰色部分、高亮部分及色彩偏移部分。每个色轮都按YRGB来分区块，往上为红色、往下为绿色、往左为黄色、往右为蓝色。用户可以通过两种方式进行调节操作，一种是拖曳色轮中间的白色圆圈（即"色倾"控制器），向需要的色块方向进行调节；另一种是在色轮底部，通过输入红、绿、蓝3个颜色的参数进行调节。

2.3.2　配合示波器进行调色

示波器是一种可以将视频信号转换为可见图像的电子测量仪器，它能帮助人们研究各种电现象的变化过程，观察各种不同信号幅度随时间变化的波形曲线。

无论使用哪种调节方法，用户都可以在"播放器"面板中单击 按钮，展开示波器，在示波器中查看调色后的波纹和峰值，如图2-118所示。

图 2-118　单击相应按钮

在图2-118中，共有3个示波器，第1个是分量图示波器，它其实就是将波形图示波器分为红、绿、蓝（RGB）3个颜色通道，将画面中的色彩信息直观地展示出来。通过分量图示波器，用户可以分析观察图像画面的色彩是否平衡。

第2个是波形图示波器，其主要用于检测视频信号的幅度和单位时间内所有脉冲扫描图形，让用户看到当前画面亮度信号的分布情况，用来分析画面的明暗和曝光情况。

第3个是矢量图示波器，它是一种检测色相和饱和度的工具，以极坐标的方式显示视频的色度信息。矢量图示波器中矢量的大小，也就是某一点到坐标原点的距离，代表颜色饱和度。矢量图示波器中有一条肤色矫正的斜线，将所有颜色向斜线靠拢调节，可以矫正人物肤色。

第 3 章

动画师手册：掌握蒙版、关键帧核心

3.1　掌握蒙版功能

在"画面"操作区中，切换至"蒙版"选项卡，如图3-1所示。其中提供了"线性""镜面""圆形""矩形""爱心""星形"等蒙版，用户可以根据需要挑选蒙版，对视频画面进行合成处理，制作出有趣又有创意的蒙版合成视频。

图 3-1　"蒙版"选项卡

例如，❶选择"爱心"蒙版；❷在蒙版的上方会显示"反转"按钮、"重置"按钮和"添加关键帧"按钮；❸在蒙版下方会显示可以设置的参数选项和关键帧按钮，在其中可以设置蒙版的位置、旋转角度、大小及边缘线的羽化程度，如图3-2所示。

选择蒙版后，在"播放器"面板的预览窗口中，会显示蒙版的默认大小，如图3-3所示。

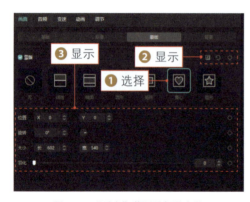

图 3-2　"爱心"蒙版的相关参数

图 3-3　显示蒙版的默认大小

拖曳蒙版四周的控制柄（"爱心"蒙版的控制柄为4个顶角的白色圆圈），可以调整蒙版的大小；将光标移至蒙版的任意位置，长按鼠标左键并拖曳，可以调整蒙版的位置；长按按钮并拖曳，可以调整蒙版的旋转角度；长按按钮并拖曳，可以调整蒙版边缘线的羽化程度。

在"蒙版"选项卡中，单击"反转"按钮 ⬚，可以将蒙版反转显示，即原本为黑色或背景色的部分会显示画面，原本显示的画面会变为黑色或背景色。

3.1.1 遮盖视频中的水印

【效果展示】：当视频中有水印时，可以通过剪映中的"模糊"特效和"矩形"蒙版，遮挡视频中的水印。原图与效果对比如图3-4所示。

扫码看案例效果　扫码看教学视频

图3-4　原图与效果对比展示

下面介绍在剪映中遮盖视频水印的操作方法。

步骤01 在剪映的视频轨道中，添加一个视频素材，如图3-5所示。

步骤02 在"特效"功能区的"基础"选项卡中，单击"模糊"特效中的"添加到轨道"按钮 ⊕，如图3-6所示。

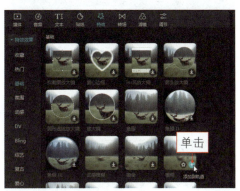

图3-5　添加视频素材　　　　图3-6　单击"添加到轨道"按钮

步骤03 执行操作后，即可在视频上方添加一个"模糊"特效，拖曳特效右侧的白色拉杆，调整其时长与视频时长一致，如图3-7所示。

步骤04 在"特效"操作区中，❶设置"模糊度"参数为45；❷单击"导出"按钮，如图3-8所示。

图 3-7　调整特效时长

图 3-8　单击"导出"按钮（1）

步骤 05 弹出"导出"对话框，❶在其中设置导出视频的名称、位置及相关参数；❷单击"导出"按钮，如图3-9所示。

步骤 06 稍等片刻，待导出完成后，❶选择特效；❷单击"删除"按钮，如图3-10所示。

图 3-9　单击"导出"按钮（2）

图 3-10　单击"删除"按钮

步骤 07 在"媒体"功能区中，将前面导出的模糊效果视频再次导入"本地"选项卡中，如图3-11所示。

步骤 08 通过拖曳的方式，将效果视频添加至画中画轨道中，如图 3-12 所示。

图 3-11　导入效果视频

图 3-12　添加效果视频至画中画轨道中

步骤 **09** 在"画面"操作区中，❶切换至"蒙版"选项卡；❷选择"矩形"蒙版，如图3-13所示。

步骤 **10** 在预览窗口中可以看到矩形蒙版中显示的画面是模糊的，蒙版外的画面是清晰的，如图3-14所示。

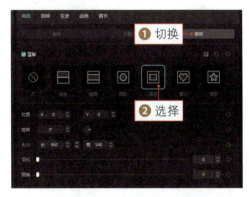

图 3-13　选择"矩形"蒙版

图 3-14　查看添加的矩形蒙版

步骤 **11** 拖曳蒙版四周的控制柄，调整蒙版的大小、角度和并将其拖曳至画面左下角的水印上，如图3-15所示。

步骤 **12** 在轨道中单击空白位置，预览窗口中蒙版的虚线框将会隐藏，此时可以查看水印是否已被蒙版遮住，如图3-16所示。

图 3-15　调整蒙版大小、角度和位置

图 3-16　查看水印是否被遮住

3.1.2　制作蒙版分身视频

【效果展示】：在剪映中运用"线性"蒙版功能可以制作分身视频，把同一场景中的两个人物视频合成在一个视频画面中，制作出自己给自己拍照的分身视频效果，如图3-17所示。

扫码看案例效果

扫码看教学视频

图 3-17　蒙版分身效果展示

下面介绍在剪映中制作蒙版分身视频的操作方法。

步骤01 将两段同一场景拍摄却位置不同的人物视频，分别添加到视频轨道和画中画轨道中，如图3-18所示。

步骤02 选择画中画轨道中的素材，在"画面"操作区中，❶切换至"蒙版"选项卡；❷选择"线性"蒙版；❸设置"旋转"角度为90°；❹设置"羽化"参数为30，如图3-19所示。

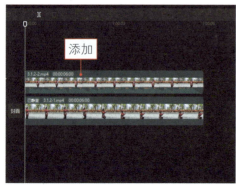

图 3-18　添加视频素材　　　　　　图 3-19　设置相应参数

步骤03 执行上述操作后，即可完成蒙版分身视频的制作，在预览窗口中可以查看添加蒙版后的效果，如图3-20所示。

图 3-20　查看蒙版添加的效果

3.2　掌握关键帧功能

　　关键帧可以理解为运动的起始点或者转折点，通常一个动画最少需要两个关键帧才能完成，第1个关键帧的参数会根据播放进度，慢慢变为第2个关键帧的相关参数，形成运动效果。本节将通过让照片变成动态视频和制作滑屏Vlog视频两个案例，帮助大家掌握在剪映中添加关键帧的操作方法。

3.2.1　让照片变成动态视频

　　【效果展示】：在剪映中运用关键帧功能可以将横版的全景照片变为动态的竖版视频，方法非常简单。效果如图3-21所示。

扫码看案例效果　扫码看教学视频

 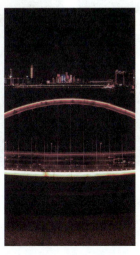 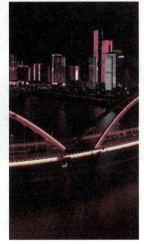

图 3-21　照片变视频效果展示

下面介绍在剪映中让照片变成动态视频的操作方法。

步骤01 在剪映视频轨道和音频轨道中，导入一张照片素材和一段背景音乐，并调整照片时长与音乐时长一致，如图3-22所示。

步骤02 ❶在"播放器"面板中单击"适应"按钮；❷在打开的下拉列表框中选择"9∶16（抖音）"选项，如图3-23所示。

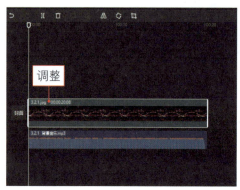

图3-22　导入素材并调整时长

图3-23　选择"9∶16（抖音）"选项

步骤03 在"画面"操作区的"基础"选项卡中，❶设置"缩放"参数为535%；❷设置"位置"X参数为4698、Y参数为0；❸单击"位置"右侧的"添加关键帧"按钮 ，如图3-24所示。

步骤04 执行操作后，❶即可在视频的开始位置处添加一个关键帧；❷拖曳时间指示器至视频末尾位置处，如图3-25所示。

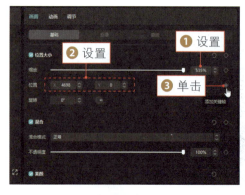

图3-24　点亮"位置"右侧的关键帧

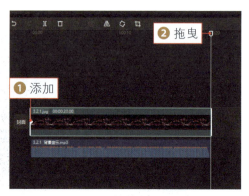

图3-25　拖曳时间指示器

步骤05 在"画面"操作区的"基础"选项卡中，❶设置"位置"X参数为-4698、Y参数为0；❷"位置"右侧的关键帧将会自动被点亮；❸此时预览窗口中的画面将显示照片素材的最右侧，效果如图3-26所示。

图 3-26 显示照片素材的最右侧

3.2.2 制作滑屏Vlog视频

【效果展示】：滑屏是一种可以展示多段视频的效果，适合用来制作旅行Vlog、综艺片头等。滑屏Vlog效果如图3-27所示。

扫码看案例效果　扫码看教学视频

图 3-27 滑屏 Vlog 效果展示

下面介绍在剪映中制作滑屏Vlog视频的操作方法。

步骤01 在剪映"媒体"功能区中导入多个视频素材，如图3-28所示。

步骤02 将第1个视频素材添加到视频轨道上，如图3-29所示。

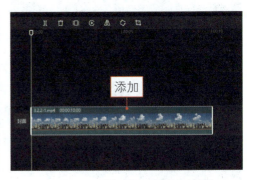

图 3-28　导入多个视频素材　　　　图 3-29　添加第 1 个视频素材

步骤03 在"播放器"面板中，❶设置预览窗口的画布比例为9∶16；❷并适当调整视频的位置和大小，如图3-30所示。

步骤04 采用与上同样的操作方法，依次将其他视频添加到画中画轨道中，在预览窗口中调整视频的位置和大小，如图3-31所示。

图 3-30　调整视频位置和大小　　　　图 3-31　调整其他视频的位置和大小

步骤05 选择视频轨道中的素材，如图3-32所示。

步骤06 ❶切换至"画面"操作区；❷选择"背景"选项卡；❸单击"背景填充"下拉按钮；❹在打开的下拉列表框中选择"颜色"选项，如图3-33所示。

步骤07 在"颜色"选项区中选择白色色块，如图3-34所示。

步骤08 将制作的合成效果视频导出，新建一个草稿文件，将导出的效果视频重新导入"媒体"功能区中，如图3-35所示。

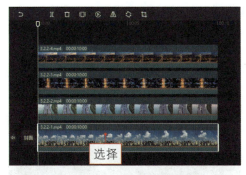

图 3-32 选择视频轨道中的素材

图 3-33 选择"颜色"选项

图 3-34 选择白色色块

图 3-35 导入效果视频

步骤 09 通过拖曳的方式，将效果视频添加到视频轨道上，如图3-36所示。

步骤 10 在"播放器"面板中，设置预览窗口的视频画布比例为16：9，如图3-37所示。

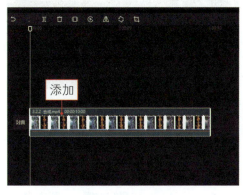

图 3-36 添加效果视频

图 3-37 设置视频画布比例

步骤 11 拖曳视频画面四周的控制柄，调整视频画面大小，使其铺满整个预览窗口，如图3-38所示。

步骤12 将时间指示器拖曳至00:00:00:20位置，❶切换至"画面"操作区的"基础"选项卡中；❷点亮"位置"最右侧的关键帧按钮◆，如图3-39所示。

图3-38 调整视频画面大小

图3-39 点亮关键帧按钮

步骤13 执行操作后，❶即可为视频添加一个关键帧；❷将时间指示器拖曳至00:00:09:00位置，如图3-40所示。

步骤14 ❶切换至"画面"操作区的"基础"选项卡中；❷设置"位置"右侧的Y参数为2332；❸此时"位置"右侧的关键帧按钮会被自动点亮◆，如图3-41所示。执行操作后，即可在预览窗口中播放制作的滑屏Vlog效果。

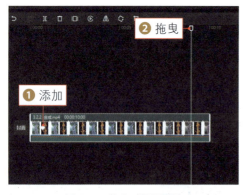

图3-40 拖曳时间指示器

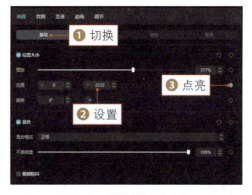

图3-41 设置"位置"参数

3.3 制作蒙版渐变视频

【效果展示】：蒙版和关键帧虽然不能直接改变画面的色彩参数，但运用蒙版和关键帧可以间接改变画面色彩，让画面色彩随着蒙版形状的变化而慢慢展现出

扫码看案例效果　　扫码看教学视频

来，制作出蒙版渐变视频。最终效果如图3-42所示。

图 3-42 蒙版渐变视频效果展示

下面介绍在剪映中制作蒙版渐变视频的操作方法。

步骤01 在剪映中将视频素材导入到"本地"选项卡中，单击视频素材右下角的"添加到轨道"按钮 ，如图3-43所示。

步骤02 执行操作后，即可将视频素材添加到视频轨道中，如图3-44所示。

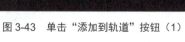

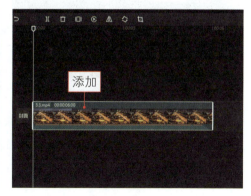

图 3-43 单击"添加到轨道"按钮（1）　　　　图 3-44 添加视频素材

步骤03 ❶单击"滤镜"按钮；❷切换至"黑白"选项卡；❸单击"褪色"滤镜右下角的"添加到轨道"按钮 ，如图3-45所示。

步骤04 调整"褪色"滤镜的时长，使其对齐视频素材的时长，如图3-46所

剪映视频剪辑从小白到大师（电脑第2版）

示。操作完成后，导出褪色视频备用。

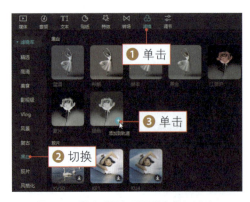

图 3-45　单击"添加到轨道"按钮（2）

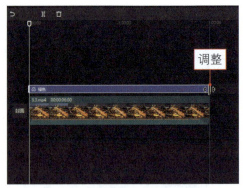

图 3-46　调整"褪色"滤镜的时长

步骤05 将轨道清空，在剪映"媒体"功能区中，将上一步导出的褪色视频导入到"本地"选项卡中，如图3-47所示。

步骤06 将褪色视频和原视频添加到视频轨道和画中画轨道中，并向右拖曳原视频左侧的白色拉杆，将其起始位置调整至 00:00:00:05 位置，如图3-48 所示。

图 3-47　导入褪色视频

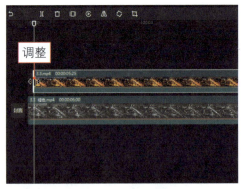

图 3-48　调整素材的时长

步骤07 ❶切换至"蒙版"选项卡；❷选择"矩形"蒙版；❸设置"位置"X参数为397、Y参数为-147；❹设置"旋转"参数为36°；❺设置"大小"的"长"参数为1432、"宽"参数为1；❻设置"羽化"参数为5；❼设置"圆角"参数为100；❽并点亮"位置""旋转""大小""羽化"4个关键帧◆，如图3-49所示。

步骤08 ❶将时间调整至00:00:00:15位置；❷在预览窗口中调整"矩形"蒙版的大小，使其覆盖范围扩大；❸并在"蒙版"选项卡中再次点亮"位置""旋转""大小""羽化"4个关键帧◆，如图3-50所示。

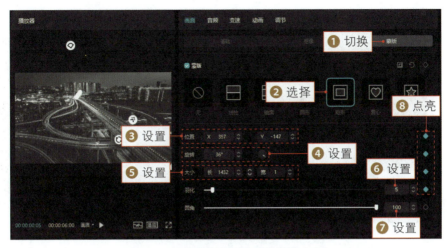

图 3-49　设置参数并点亮 4 个关键帧（1）

图 3-50　设置参数并点亮 4 个关键帧（2）

步骤09 ❶将时间调整至00:00:05:00的位置；❷在"蒙版"选项卡中设置"位置"和"旋转"参数均为0；❸设置"大小"的"长"和"宽"参数均为2000；❹并点亮"位置""旋转""大小""羽化"4个关键帧◆，如图3-51所示，将画面完全遮盖。

步骤10 将时间指示器拖曳至00:00:03:00位置，❶单击"文本"按钮；❷切换至"文字模板"选项卡；❸在"片头标题"选项区中单击"小城故事"模板右下角的"添加到轨道"按钮➕，如图3-52所示。

步骤11 执行操作后，即可在时间指示器的位置添加一个文字模板，如图3-53所示。

图 3-51 设置参数并点亮 4 个关键帧（3）

图 3-52 单击"添加到轨道"按钮（3）

图 3-53 添加一个文字模板

步骤 12 在预览窗口中调整文字的大小，使其处于画面的中间位置，如图 3-54 所示。执行上述操作后，即可完成蒙版渐变视频效果的制作。

图 3-54 调整文字的大小

第 4 章

转场大师历练：变速、转场全把握

4.1 制作变速视频

在剪映中，"变速"功能能够改变视频的播放速度，让视频画面更具动感。剪映的"变速"功能有"常规变速"和"曲线变速"两种模式，在改变视频的播放速度时，视频的时长也会随之更改。

4.1.1 制作常规变速视频

【效果展示】：在剪映中，"常规变速"功能可以指定调整视频的播放速度。效果如图4-1所示。

扫码看案例效果　扫码看教学视频

图4-1　常规变速视频效果展示

下面介绍在剪映中制作常规变速视频的操作方法。

步骤01 在剪映的视频轨道中，添加一个视频素材，如图4-2所示。

步骤02 在视频上单击鼠标右键，在弹出的快捷菜单中选择"分离音频"命令，如图4-3所示。

步骤03 执行操作后，即可将视频中的背景音乐分离出来，如图4-4所示。

步骤04 ❶拖曳时间指示器至00:00:03:09位置；❷单击"分割"按钮，如图4-5所示。

步骤05 执行操作后，即可将视频分割为两段，如图4-6所示。

步骤06 ❶拖曳时间指示器至00:00:10:00位置；❷单击"分割"按钮，如

图4-7所示，即可再次分割出来一段视频。

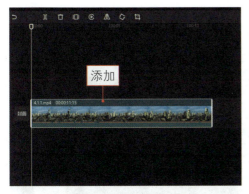

图 4-2 添加视频素材

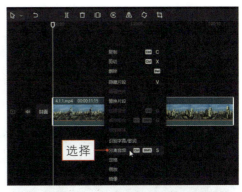

图 4-3 选择"分离音频"命令

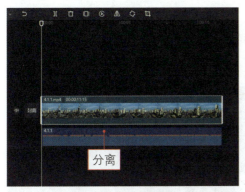

图 4-4 分离背景音乐

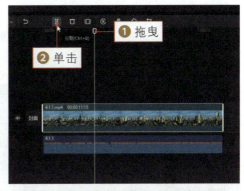

图 4-5 单击"分割"按钮（1）

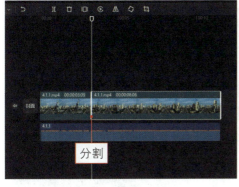

图 4-6 将视频分割为两段

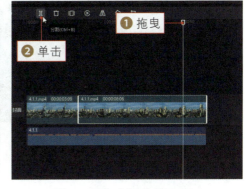

图 4-7 单击"分割"按钮（2）

步骤07 选择第2段视频素材，在"变速"操作区的"常规变速"选项卡中，设置"倍数"参数为3.0x，如图4-8所示，将视频播放速度变快。

步骤08 选择第3段视频素材，在"变速"操作区的"常规变速"选项卡中，设置"时长"参数为3.0s，如图4-9所示，将视频时长拉长的同时，使视频的播放速度变慢，此时"倍数"参数显示为0.5x。

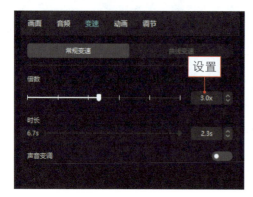

图4-8 设置"倍数"参数

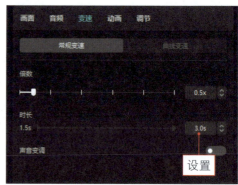

图4-9 设置"时长"参数

步骤09 执行操作后，即可调整视频的播放速度。调整音频时长，使其对齐视频素材的结束位置，如图4-10所示。

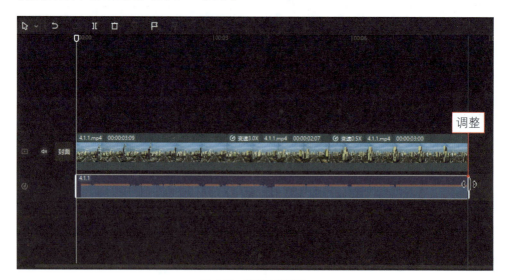

图4-10 调整音频时长

4.1.2 制作曲线变速视频

【效果展示】：在剪映中，"曲线变速"功能可以自由调整视频的播放速度，使视频根据自己的需求时快时慢，效果如图4-11所示。

扫码看案例效果　扫码看教学视频

图 4-11　曲线变速视频效果展示

下面介绍在剪映中制作曲线变速视频的操作方法。

步骤01 在剪映中导入两段视频素材，如图4-12所示。

步骤02 将两段视频素材添加到视频轨道上，如图4-13所示。

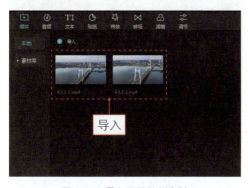

图 4-12　导入两段视频素材

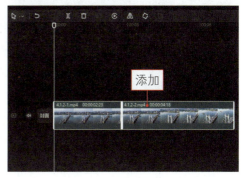

图 4-13　添加两段视频素材

步骤03 选择第1段视频素材，在"变速"操作区中，❶切换至"曲线变速"选项卡；❷选择"自定义"选项；❸把前面3个变速点拖曳至第4条虚线的位置，把后面两个变速点拖曳至第2条虚线的位置，如图4-14所示。

步骤04 选择第2段视频素材，在"变速"操作区的"曲线变速"选项卡中，❶选择"自定义"选项；❷把前面3个变速点拖曳至第2条虚线的位置，把后面两个变速点拖曳至第4条虚线的位置，如图4-15所示。

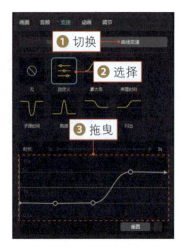

图 4-14　选择"自定义"选项并调整变速点位置

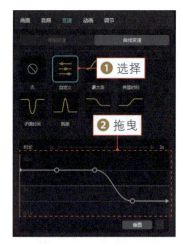

图 4-15　拖曳变速点

步骤 05 拖曳时间指示器至00:00:02:08位置，在"音频"功能区的"音效素材"|"转场"选项卡中，单击"'呼'的转场音效"中的"添加到轨道"按钮 ，如图4-16所示。

步骤 06 执行操作后，即可在两段视频中间添加一个转场音效，如图4-17所示。

图 4-16　单击"添加到轨道"按钮

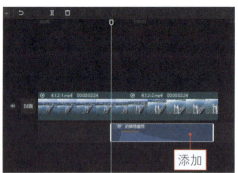

图 4-17　添加音效

步骤 07 最后添加合适的背景音乐，并调整音乐的时长，如图4-18所示。

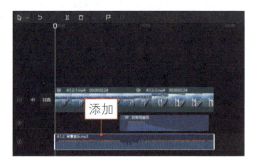

图 4-18　添加背景音乐并调整时长

4.2　制作视频转场

用户在剪映中制作短视频时，可以根据不同场景的需要，添加合适的转场效果，让视频素材之间过渡得更加自然流畅，产生更强的冲击力。本节将为大家介绍制作视频转场的操作方法。

4.2.1　制作笔刷转场

【效果展示】：在剪映的"画面"操作区中，展开"抠像"选项卡，其中显示了"色度抠图"和"智能抠像"两大功能。使用"色度抠图"功能，可以对笔刷绿幕素材进行抠图，效果如图4-19所示。

扫码看案例效果　　扫码看教学视频

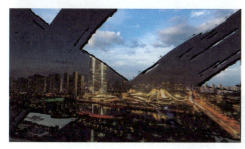 

图 4-19　笔刷转场效果展示

下面介绍在剪映中制作笔刷转场的操作方法。

步骤01 在剪映中导入视频素材和笔刷绿幕视频素材，如图4-20所示。

步骤02 ❶把视频素材添加到视频轨道中；❷把绿幕素材添加到画中画轨道中并对齐视频素材的结束位置，如图4-21所示。

步骤03 ❶切换至"画面"操作区的"抠像"选项卡中；❷选择"色度抠图"复选框；❸单击"取色器"按钮 🖋；❹拖曳取色器对画面中的黑色进行取样，如图4-22所示。

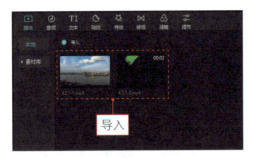

图 4-20　导入两段视频素材

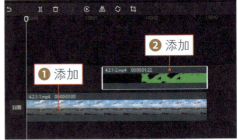

图 4-21　添加视频素材

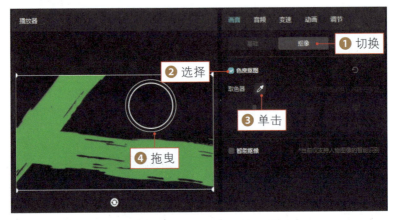

图 4-22　对画面中的黑色进行取样

步骤04 ❶设置"强度"参数为100；❷此时预览窗口中黑色的背景画面已被抠除，并显示出了视频画面；❸单击"导出"按钮，将合成的视频导出，如图4-23所示。

图 4-23　单击"导出"按钮

步骤 05 在剪映中导入第2段视频素材和上一步导出的合成视频，如图4-24所示。

步骤 06 清空视频轨道和画中画轨道，将导入的第2段视频素材和上一步导出的合成视频分别添加到视频轨道和画中画轨道上，如图4-25所示。

图 4-24 导入视频素材

图 4-25 重新添加素材

步骤 07 在"画面"操作区的"抠像"选项卡中，采用步骤3中的方法，❶运用"色度抠图"功能，通过取色器对画面中的绿色进行取样；❷设置"强度"参数为75、"阴影"参数为100；❸此时预览窗口中的绿色已被抠除，效果如图4-26所示。执行上述操作后，即可完成笔刷转场的制作。

图 4-26 设置相关参数抠除绿色

4.2.2 制作破碎转场

【效果展示】：破碎转场的效果给人一种画面破碎飘散的感觉，用在场景画面差异较大的视频中，破碎感会更加明显，效果如图4-27所示。

扫码看案例效果　扫码看教学视频

87

图 4-27　破碎转场效果展示

下面介绍在剪映中制作破碎转场的操作方法。

步骤 01 在剪映中导入视频素材和破碎绿幕视频素材，如图4-28所示。

步骤 02 ❶把视频素材添加到视频轨道中；❷把绿幕素材添加到画中画轨道中，如图4-29所示。

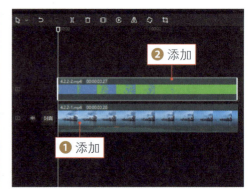

图 4-28　导入两段视频素材　　　　　图 4-29　添加视频素材

步骤 03 选择画中画轨道中的绿幕素材，在"画面"操作区的"抠像"选项卡中，❶运用"色度抠图"功能，通过取色器对画面中的蓝色进行取样；❷设置"强度"和"阴影"参数均为100；❸此时预览窗口中的蓝色已被抠除；❹单击"导出"按钮，将合成的视频导出，如图4-30所示。

图 4-30　单击"导出"按钮

步骤 04 清空视频轨道和画中画轨道，导入第2段视频素材和上一步导出的合成视频，并分别添加到视频轨道和画中画轨道上，如图4-31所示。

步骤 05 选择画中画轨道中的绿幕素材，在"画面"操作区的"抠像"选项卡中，❶运用"色度抠图"功能，通过取色器对画面中的绿色进行取样；❷设置"强度"和"阴影"参数均为

图 4-31　重新添加素材

100；❸此时预览窗口中的绿色已被抠除，效果如图4-32所示。执行上述操作后，即可完成破碎转场的制作。

图 4-32　设置相关参数抠除绿色

4.2.3　制作撕纸转场

【效果展示】：撕纸转场的效果非常形象逼真，用
在场景替换视频中的效果会更好，如图4-33所示。

图 4-33　撕纸转场效果展示

下面介绍在剪映中制作撕纸转场的操作方法。

步骤01 在剪映中导入视频素材和撕纸绿幕视频素材，如图4-34所示。

步骤02 ❶把视频素材添加到视频轨道中；❷把绿幕素材添加到画中画轨道
中并对齐视频素材的结束位置，如图4-35所示。

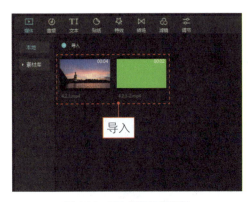 

图 4-34　导入两段视频素材　　　　图 4-35　添加视频素材

步骤 03 选择画中画轨道中的绿幕素材，在"画面"操作区的"抠像"选项卡中，❶运用"色度抠图"功能，通过取色器对画面中的浅绿色进行取样；❷设置"强度"参数为13、"阴影"参数为100；❸此时预览窗口中的浅绿色已被抠除；❹单击"导出"按钮，将合成的视频导出，如图4-36所示。

图4-36 单击"导出"按钮

步骤 04 清空视频轨道和画中画轨道，导入第2段视频素材和上一步导出的合成视频，并分别添加到视频轨道和画中画轨道上，如图4-37所示。

步骤 05 在"画面"操作区的"抠像"选项卡中，❶运用"色度抠图"功能，通过取色器对画面中的深绿色进行取样；❷设置"强度"和"阴影"参数均为100；❸此时预览窗口中的深绿色已被抠除，效果如图4-38所示。执行上述操作后，即可完成撕纸转场的制作，在预览窗口中可以查看视频效果。

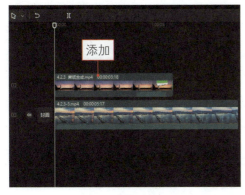

图4-37 重新添加素材

图4-38 设置相关参数抠除深绿色

91

4.2.4 制作水墨风转场

【效果展示】：在剪映中运用"水墨"遮罩转场，可以制作出具有国风韵味的水墨晕染视频，效果如图4-39所示。

扫码看案例效果　扫码看教学视频

图4-39　水墨风转场效果展示

下面介绍在剪映中制作水墨风转场的操作方法。

步骤01 在剪映中导入两个视频素材，并将其添加到视频轨道中，如图4-40所示。

步骤02 在"转场"功能区，❶展开"遮罩转场"选项卡；❷单击"水墨"转场中的"添加到轨道"按钮➕，如图4-41所示。

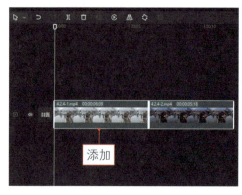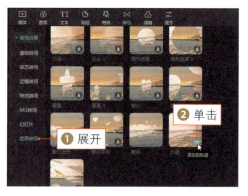

图4-40　添加两段视频素材　　　图4-41　单击"添加到轨道"按钮

步骤 03 执行上述操作后，即可在两个视频素材之间添加一个"水墨"遮罩转场，如图4-42所示。

步骤 04 拖曳转场两端的白色拉杆，调整转场时长，如图4-43所示。

图 4-42 添加"水墨"转场

图 4-43 调整转场时长

步骤 05 执行操作后，再为视频添加一段合适的背景音乐，如图4-44所示，即可在预览窗口中查看添加转场后的效果。

图 4-44 添加合适的背景音乐

第 5 章

字幕专家指南：制作新奇特色字幕

5.1　制作短视频文字效果

在刷短视频时，常常可以看到很多短视频中都添加了字幕效果，或用于歌词，或用于语音解说，让观众在短短几秒内就能看懂更多视频内容。本节将向大家介绍在剪映中为视频添加文字内容、添加花字效果、识别字幕及识别歌词等方法。

5.1.1　在视频中添加文字内容

【效果展示】：在剪映中可以输入和设置精彩纷呈的字幕效果，用户可以设置文字的字体、颜色、描边、边框、阴影和排列方式等属性，从而制作出不同样式的文字效果，如图5-1所示。

扫码看案例效果　　扫码看教学视频

图 5-1　添加文字后的视频效果展示

下面介绍在剪映中为视频添加文字内容的操作方法。

步骤 01 在剪映中导入视频素材并将其添加到视频轨道中，如图5-2所示。

步骤 02 在"文本"功能区的"新建文本"选项卡中，单击"默认文本"中的"添加到轨道"按钮 ，如图5-3所示。

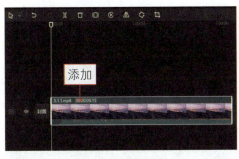 

图 5-2　添加视频素材　　　　图 5-3　单击"添加到轨道"按钮

步骤 03 执行操作后，即可添加一个默认文本，如图5-4所示。

步骤04 调整文本的时长与视频时长一致，如图5-5所示。

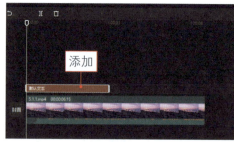

图 5-4　添加默认文本　　　　　　　　　　图 5-5　调整文本的时长

步骤05 选择添加的文本，在"文本"操作区的"基础"选项卡中，❶输入相应文字；❷并设置合适的字体，如图5-6所示。

步骤06 在下方选择合适的预设样式，如图5-7所示。

图 5-6　设置合适的字体　　　　　　　　　图 5-7　选择合适的预设样式

步骤07 在"排列"选项组中，设置"字间距"参数为4，如图5-8所示。

步骤08 在预览窗口中，调整文本的大小和位置，如图5-9所示。

图 5-8　设置合适的字体　　　　　　　　　图 5-9　调整文本的大小和位置

步骤 09 在"阴影"选项组中，设置"距离"参数为8，其他选项保持默认设置即可，如图5-10所示。

步骤 10 ❶切换至"动画"操作区；❷在"入场"选项卡中选择"羽化向右擦开"动画；❸设置"动画时长"参数为3.5s，如图5-11所示。执行上述操作后，即可在预览窗口中预览视频效果。

图 5-10　设置"距离"参数

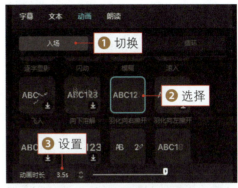

图 5-11　设置"动画时长"参数

5.1.2　在视频中添加花字效果

【效果展示】：剪映中内置了很多花字模板，可以帮助用户一键制作出各种精彩的艺术字效果，如图5-12所示。

扫码看案例效果　扫码看教学视频

图 5-12　添加花字后的视频效果展示

下面介绍在剪映中为视频添加花字效果的操作方法。

步骤 01 在剪映中导入视频素材并将其添加到视频轨道中，如图5-13所示。

步骤 02 在"文本"功能区中，展开"花字"选项卡，如图5-14所示。

步骤 03 单击相应花字样式中的"添加到轨道"按钮➕，如图5-15所示。

步骤 04 在视频轨道上方添加一个文本并调整文本的时长，如图5-16所示。

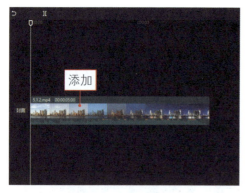

图 5-13　添加视频素材

图 5-14　展开"花字"选项卡

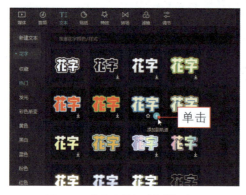

图 5-15　单击"添加到轨道"按钮

图 5-16　调整文本的时长

步骤05 在"文本"操作区的"基础"选项卡中，❶输入相应文字；❷设置合适的字体，如图5-17所示。

步骤06 在"排列"选项组中，设置"字间距"参数为3，如图5-18所示。

图 5-17　设置一个合适的字体

图 5-18　设置"字间距"参数

步骤 07 在预览窗口中可以查看花字文本的效果，调整文本的位置和大小，如图5-19所示。

步骤 08 拖曳时间指示器至00:00:02:00位置，将文本分割为两段，如图5-20所示。

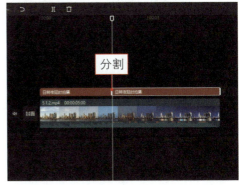

图 5-19　调整文本的位置和大小　　　　图 5-20　分割文本

步骤 09 在"文本"操作区中，❶切换至"花字"选项卡；❷选择其他花字样式，如图5-21所示。

步骤 10 执行操作后，预览窗口中显示的花字样式便会随之发生变化，如图5-22所示。

图 5-21　选择其他花字样式　　　　图 5-22　查看其他花字效果

5.1.3　一键识别视频中的字幕

【效果展示】：在剪映中运用"识别字幕"功能，可以识别视频中的人声并自动生成字幕，后期还可以设置字幕的样式，非常方便，效果如图5-23所示。

扫码看案例效果　扫码看教学视频

图 5-23 识别字幕效果展示

下面介绍在剪映中识别字幕的操作方法。

步骤01 在剪映的"媒体"功能区中，导入视频素材，并将其添加到视频轨道中，如图5-24所示。

步骤02 ❶单击"文本"按钮；❷切换至"智能字幕"选项卡；❸单击"识别字幕"选项组中的"开始识别"按钮，如图5-25所示。

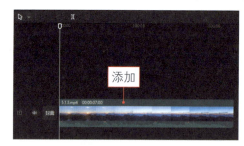

图 5-24 添加视频素材　　　　　　图 5-25 单击"开始识别"按钮

步骤03 弹出"字幕识别中"提示框，如图5-26所示。

步骤04 识别完成后自动生成相应的文字，如图5-27所示。

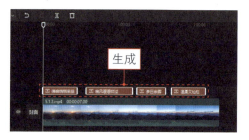

图 5-26 弹出提示框　　　　　　图 5-27 生成字幕

步骤05 检查识别生成的文本，选择有错别字的文本，在"文本"操作区中，❶修改错字；❷并设置合适的字体，如图5-28所示。

步骤06 在预览窗口中，调整文字的大小和位置，如图5-29所示。

图5-28　选择字体样式

图5-29　调整文字的大小和位置

★ **专家指点** ★

用户在识别视频中的文字后，需要检查一遍生成的文字是否正确，如果识别出来的文字是错别字，可以如上所述，在"文本"操作区的"基础"选项卡中进行修改。

5.1.4　快速识别音频中的歌词

【效果展示】：在剪映中运用"识别歌词"功能，可以自动生成歌词字幕，为歌词字幕设置相应的动画效果后，就可以制作出KTV歌词字幕，效果如图5-30所示。

扫码看案例效果　扫码看教学视频

图5-30　识别歌词效果展示

下面介绍在剪映中快速识别歌词的操作方法。

步骤01 在剪映中导入视频素材并将其添加到视频轨道中，如图5-31所示。

步骤02 ❶单击"文本"按钮；❷切换至"识别歌词"选项卡；❸单击"开始识别"按钮，如图5-32所示。

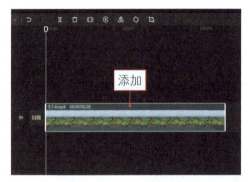

图 5-31　添加视频素材

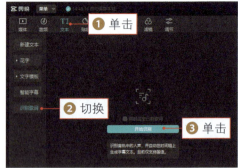

图 5-32　单击"开始识别"按钮

步骤03 弹出"歌词识别中"提示框，如图5-33所示。

步骤04 稍等片刻，即可生成歌词文本，如图5-34所示。

图 5-33　弹出提示框

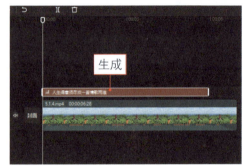

图 5-34　生成歌词文本

步骤05 选择文本，在"文本"操作区的"基础"选项卡中，❶ 输入标点符号；❷ 设置合适的字体；❸ 单击粗体按钮 **B**；❹ 选择一个预设样式，如图5-35 所示。

步骤06 ❶ 切换至"动画"操作区的"入场"选项卡中；❷ 选择"卡拉OK"动画；❸ 设置"动画时长"参数为5.5s，如图5-36所示。

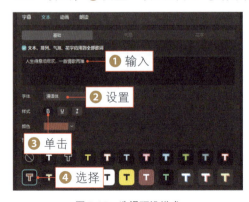

图 5-35　选择预设样式

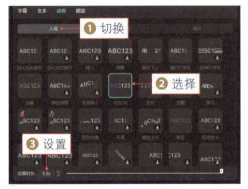

图 5-36　设置"动画时长"参数

步骤 07 在预览窗口中，调整文字的大小和位置，如图5-37所示。

图 5-37　调整文字的大小和位置

5.2　制作文字动画效果

在剪映中，要制作文字动画效果，可以通过添加动画、添加关键帧等方式。本节主要介绍制作文字飞入效果、文字逐字显影、文字消散效果及人走字出效果等操作方法。学会这些知识，可以让大家在制作文字动画效果时更加得心应手。

5.2.1　制作文字飞入效果

【效果展示】：文字飞入效果主要是使用剪映中的"随机飞入"动画制作而成，效果如图5-38所示。

扫码看案例效果　扫码看教学视频

图 5-38　文字飞入效果展示

下面介绍在剪映中制作文字飞入效果的操作方法。

步骤 01 在剪映中导入视频素材并将其添加到视频轨道中，如图5-39所示。

步骤 02 在"文本"功能区的"新建文本"选项卡中，单击"默认文本"中的"添加到轨道"按钮➕，如图5-40所示。

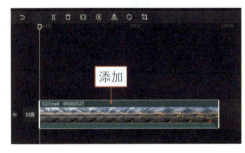

图 5-39　添加视频素材

图 5-40　单击"添加到轨道"按钮

步骤 03 执行操作后，即可添加一个默认文本，调整文本的时长与视频的时长一致，如图5-41所示。

步骤 04 在"文本"操作区的"基础"选项卡中，❶输入相应文字；❷并设置一个合适的字体，如图5-42所示。

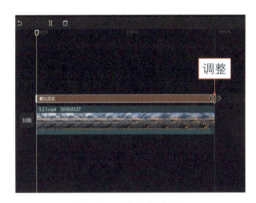

图 5-41　调整文本的时长

图 5-42　设置合适的字体

步骤 05 ❶选择合适的预设样式；❷执行操作后设置"颜色"为白色，如图5-43所示。

步骤 06 ❶设置"字间距"参数为1；❷单击"对齐方式"右侧的第4个按钮，设置文字垂直顶端对齐，如图5-44所示。

步骤 07 在预览窗口中，调整文本的大小和位置，如图5-45所示。

步骤 08 在"动画"操作区的"入场"选项卡中，❶选择"随机飞入"动画；❷设置"动画时长"参数为3.1s，如图5-46所示。

图 5-43　设置"颜色"为白色

图 5-44　单击相应按钮

图 5-45　调整文本的大小和位置

图 5-46　设置"动画时长"参数

5.2.2　制作文字逐字显影效果

【效果展示】：在剪映中使用"逐字显影"动画，可以使添加的文字逐字显示在视频画面中，效果如图5-47所示。

扫码看案例效果　　扫码看教学视频

图 5-47　文字逐字显影效果展示

下面介绍在剪映中制作文字逐字显影效果的操作方法。

步骤 01 在剪映中导入视频素材并将其添加到视频轨道中，如图5-48所示。

步骤 02 在"文本"功能区的"新建文本"选项卡中，单击"默认文本"中的"添加到轨道"按钮，如图5-49所示。

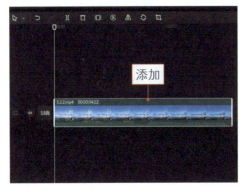

图5-48 添加视频素材

图5-49 单击"添加到轨道"按钮

步骤 03 执行上述操作后，即可添加一个默认文本，将文本调整至视频结束位置，如图5-50所示。

步骤 04 在"文本"操作区的"基础"选项卡中，❶输入相应文字；❷并设置一个合适的字体，如图5-51所示。

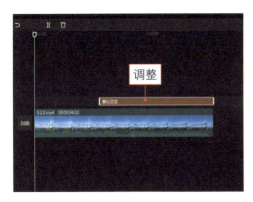

图5-50 调整文本的位置

图5-51 设置合适的字体

步骤 05 在预览窗口中，调整文本的大小和位置，如图5-52所示。

步骤 06 在"动画"操作区的"入场"选项卡中，❶选择"逐字显影"动画；❷设置"动画时长"参数为2.0s，如图5-53所示。

图 5-52　调整文本的大小和位置

图 5-53　设置"动画时长"参数

5.2.3　制作文字消散效果

【效果展示】：在剪映中制作文字消散效果，主要分为两部分，一是为视频添加文本，并为文本设置"溶解"出场动画；二是为烟雾消散粒子视频设置"滤色"混合模式。文字消散效果如图5-54所示。

扫码看案例效果　　扫码看教学视频

图 5-54　文字消散效果展示

下面介绍在剪映中制作文字消散效果的操作方法。

步骤01 在剪映中导入一个背景视频和一个粒子视频，如图5-55所示。

步骤02 将背景视频添加到视频轨道上，如图5-56所示。

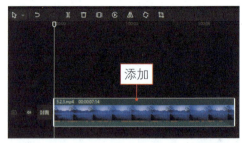

图 5-55　导入两个视频　　　　　　　　图 5-56　添加背景视频

步骤03 在"文本"功能区的"新建文本"选项卡中，单击"默认文本"中的"添加到轨道"按钮 ➕ ，如图5-57所示。

步骤04 执行操作后，即可在字幕轨道上添加一个文本，并调整其时长为00:00:04:00，如图5-58所示。

图 5-57　单击"添加到轨道"按钮　　　　图 5-58　调整文本的时长

步骤05 在"文本"操作区的"基础"选项卡中，❶输入字幕内容；❷设置一个合适的字体，如图5-59所示。

步骤06 在"动画"操作区的"入场"选项卡中，❶ 选择"渐显"动画；❷ 设置"动画时长"参数为1.0s，如图 5-60 所示。

图 5-59　设置合适的字体　　　　　　　图 5-60　设置"动画时长"参数（1）

步骤 07 ❶ 切换至"出场"选项卡中；❷ 选择"溶解"动画；❸ 设置"动画时长"参数为 1.5s，如图 5-61 所示。

步骤 08 ❶ 将时间指示器拖曳至00:00:01:05位置；❷ 将粒子视频添加到时间指示器的位置处；❸ 单击"镜像"按钮，如图 5-62所示，将粒子视频水平翻转。

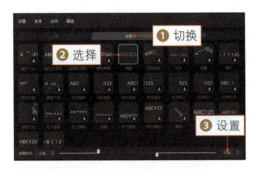

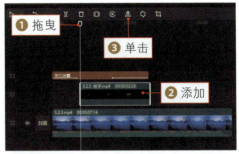

图 5-61 设置"动画时长"参数（2）　　　　图 5-62 添加粒子视频并翻转

步骤 09 在"画面"操作区的"基础"选项卡中，❶ 设置"混合模式"为"滤色"；❷ 设置"缩放"参数为137%；❸ 设置"位置"X参数为-143、Y参数为70，如图 5-63所示，使粒子刚好遮盖在文字上，完成效果的制作。

图 5-63 设置"位置"参数

5.2.4　制作人走字出效果

【效果展示】：人走字出效果是指人物走过后，文字随人物行走的动作慢慢显示。在剪映中，需要先将制作好的文字导出为文字视频，应用"变亮"混合模式，将文字和视频重新合成，并使用蒙版和关键帧制作人走字出效果，如图5-64所示。

图 5-64　人走字出效果展示

下面介绍在剪映中制作人走字出效果的操作方法。

步骤01 在剪映的字幕轨道上添加一个默认文本，并调整文本的结束位置至00:00:11:11位置，如图5-65所示。

图 5-65　调整文本的结束位置

步骤02 在"文本"操作区的"基础"选项卡中，❶输入相应的文本内容；

❷设置一个合适的字体；❸选择一个合适的预设样式，如图5-66所示。执行操作后，将制作的文本导出为视频备用。

步骤03 将轨道中的文本删除，在"媒体"功能区中，导入文字视频和人物视频，如图5-67所示。

步骤04 将两个视频分别添加到视频轨道和画中画轨道中，如图5-68所示。

图 5-66　选择合适的预设样式

图 5-67　导入两个视频

图 5-68　添加视频至对应的轨道中

步骤05 选择文字视频，在"画面"操作区的"基础"选项卡中，❶设置"混合模式"为"变亮"；❷在预览窗口中调整文字视频的位置和大小，如图5-69所示。

步骤06 拖曳时间指示器至00:00:02:00位置，如图5-70所示，此时视频中的人物刚好走进画面中。

图 5-69　调整文字视频的位置和大小

图 5-70　拖曳时间指示器

步骤07 在"画面"操作区的"蒙版"选项卡中，❶选择"线性"蒙版；
❷在"播放器"面板中调整蒙版的位置和旋转角度；❸在"蒙版"选项卡中点
亮"位置"和"旋转"关键帧◆；❹设置"羽化"参数为5，如图5-71所示，在
人物出现后添加第1个蒙版关键帧，将文字遮盖住。

步骤08 将时间指示器向后拖曳10帧至00:00:02:10位置，在"播放器"面板
中，根据人物的行走速度和位置，调整蒙版的位置和旋转角度，如图5-72所示。

图 5-71　设置"羽化"参数

图 5-72　调整蒙版的位置和旋转角度

步骤09 采用与上同样的方法，每隔10帧，❶便根据人物位置调整蒙版的位置和旋转角度；❷为视频添加多个蒙版关键帧，直至文字跟随人物完全显示，效果如图5-73所示。执行上述操作后，即可完成人走字出效果的制作。

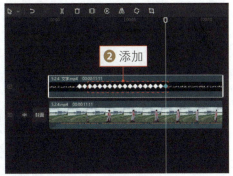

图 5-73　每隔 10 帧调整蒙版的位置并为视频添加关键帧

第 6 章

抠图大师提升：合成各种创意画面

6.1　智能抠像功能

剪映中的"智能抠像"功能可以帮助用户轻松地抠出视频中的人物图像，并利用抠出来的人像制作出不同的视频效果。本节主要介绍利用"智能抠像"功能更换视频背景、保留人物画面色彩和制作人物出框视频的操作方法。

6.1.1　抠除人像更换背景

【效果展示】：在剪映中运用"智能抠像"功能可以更换视频的背景，制作出身临其境的效果，如图 6-1 所示。

扫码看案例效果　扫码看教学视频

图 6-1　抠除人像更换背景效果展示

下面介绍在剪映中抠除人像更换背景的操作方法。

步骤01 在剪映的视频轨道上添加两个视频素材，如图6-2所示。

步骤02 ❶拖曳时间指示器至00:00:05:00；❷单击"分割"按钮 ，将第1个视频分割为两段，如图6-3所示。

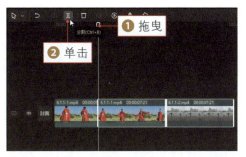

图 6-2　添加两个视频素材　　　图 6-3　单击"分割"按钮

步骤03 将分割的第2段视频拖曳至画中画轨道中，如图6-4所示，此时第2个视频会自动往前移动。

步骤04 选择画中画轨道中的人物素材，在"画面"操作区的"抠像"选项卡中，选择"智能抠像"复选框，如图6-5所示。

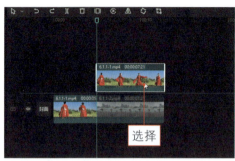

图 6-4 拖曳视频至画中画轨道

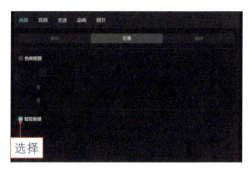

图 6-5 选择"智能抠像"复选框

步骤05 稍等片刻，即可弹出信息框，提示抠像完成，如图6-6所示。

步骤06 在预览窗口中，可以查看抠像完成后的效果，如图6-7所示。

图 6-6 提示抠像完成

图 6-7 查看抠像完成后的效果

6.1.2 保留人物画面色彩

【效果展示】：在剪映中先将视频色彩变为与下雪天较为应景的灰白色，然后运用"智能抠像"功能把原视频中的人像抠出来，从而保留人物色彩，如图6-8所示。

扫码看案例效果　扫码看教学视频

图 6-8　保留人物画面色彩效果展示

下面介绍在剪映中保留人物画面色彩的操作方法。

步骤01 在视频轨道中添加视频素材，如图6-9所示。

步骤02 在"滤镜"功能区的"黑白"选项卡中，单击"默片"滤镜中的"添加到轨道"按钮 ，如图6-10所示，即可在轨道上添加"默片"滤镜。

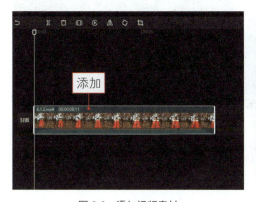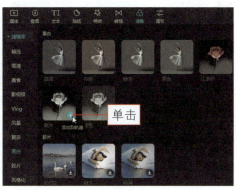

图 6-9　添加视频素材　　　　　图 6-10　单击"添加到轨道"按钮（1）

步骤03 在"调节"功能区中，单击"自定义调节"中的"添加到轨道"按钮 ，如图6-11所示，即可添加"调节1"效果。

步骤04 调整"默片"滤镜和"调节1"效果的时长与视频时长一致，如图6-12所示。

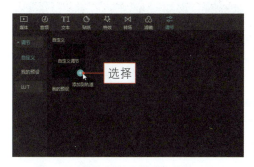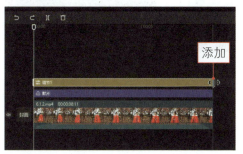

图 6-11　单击"添加到轨道"按钮（2）　　　图 6-12　调整时长

117

步骤05 选择"调节1"效果，在"调节"操作区中设置"对比度"参数为-16、"高光"参数为-15、"光感"参数为-12、"锐化"参数为13，如图6-13所示，执行操作后，将调色后的视频导出备用。

图6-13　设置"调节"参数

步骤06 将轨道清空，在"媒体"功能区中导入调色视频，如图6-14所示。

步骤07 将调色视频和原视频分别添加到视频轨道和画中画轨道上，如图6-15所示。

图6-14　导入调色视频

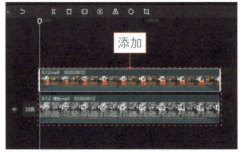

图6-15　添加调色视频和原视频

步骤08 ❶拖曳时间指示器至00:00:03:00位置；❷选择画中画轨道中的原视频；❸单击"分割"按钮，将视频分割为两段，如图6-16所示。

步骤09 选择画中画轨道中的第2段人物素材，在"画面"操作区中，❶切换至"抠像"选项卡；❷选择"智能抠像"复选框，将人物抠出来，如图6-17所示。

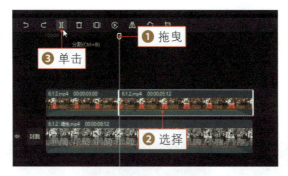

图 6-16　单击"分割"按钮

图 6-17　选择"智能抠像"复选框

步骤10 在"特效"功能区的"圣诞"选项卡中，单击"大雪纷飞"特效中的"添加到轨道"按钮 ＋，如图6-18所示。

步骤11 执行操作后，即可添加特效，调整特效时长，效果如图6-19所示。

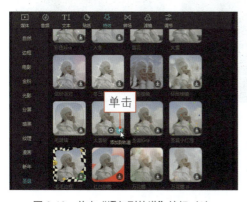

图 6-18　单击"添加到轨道"按钮（3）

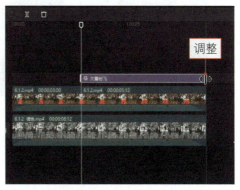

图 6-19　调整特效时长

6.1.3　制作人物出框视频

【效果展示】：在剪映中运用"智能抠像"功能将人像抠出来，可以制作出新颖酷炫的人物出框效果。可以看到人物原本在边框内，伴随着炸开的星火人物出现在相框外，非常新奇有趣，如图6-20所示。

图6-20　人物出框视频效果展示

下面介绍在剪映中制作人物出框视频的操作方法。

步骤01　在"媒体"功能区中导入两张照片，如图6-21所示。

步骤02　将第1张照片添加到视频轨道中，如图6-22所示。

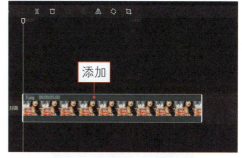

图 6-21　导入两张照片　　　　　　　　　　图 6-22　添加第 1 张照片

步骤03 在"特效"功能区的"边框"选项卡中，单击"原相机"特效中的
"添加到轨道"按钮 ⊕，如图6-23所示。

步骤04 将特效添加到轨道中，并调整特效时长与视频时长一致，如图6-24
所示，为照片添加边框后，将其导出备用。

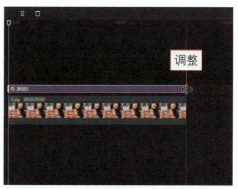

图 6-23　单击"添加到轨道"按钮（1）　　　　图 6-24　调整特效时长

步骤05 在"媒体"功能区中选择第2张照片，如图6-25所示。

步骤06 将第2张照片拖曳至视频轨道的照片上，如图6-26所示。

图 6-25　选择第 2 张照片　　　　　　　　图 6-26　拖曳第 2 张照片

121

步骤 07 弹出"替换"对话框，单击"替换片段"按钮，如图6-27所示。

步骤 08 执行上述操作后，即可将照片替换，在预览窗口中，可以查看照片效果，如图6-28所示，单击"导出"按钮，将视频导出备用。

图 6-27　单击"替换片段"按钮　　　　图 6-28　查看照片效果

步骤 09 将轨道清空，在"媒体"功能区中导入前面导出的两个视频，如图6-29所示。

步骤 10 将两个视频添加到视频轨道中，并调整时长均为00:00:04:00，如图6-30所示。

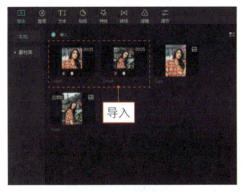

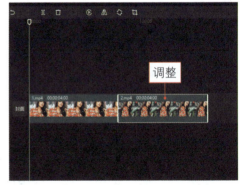

图 6-29　导入两个视频　　　　　　　图 6-30　调整两个视频的时长

步骤 11 ❶拖曳时间指示器至00:00:01:00位置；❷将与视频对应的照片素材添加至画中画轨道中并调整素材时长，如图6-31所示。

步骤 12 在"画面"操作区，❶切换至"抠像"选项卡；❷选择"智能抠像"复选框，将人物抠出来，如图6-32所示。

步骤 13 ❶单击"播放器"面板右下角的"适应"按钮；❷在打开的下拉列表框中选择"9∶16（抖音）"选项，如图6-33所示。

步骤14 在预览窗口中，调整照片和视频的画面位置，如图6-34所示。

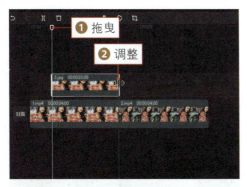

图 6-31　调整素材时长

图 6-32　选择"智能抠像"复选框

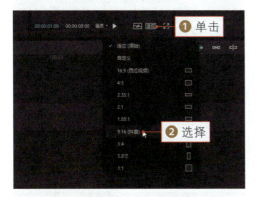

图 6-33　选择"9：16（抖音）"选项

图 6-34　调整照片和视频的画面位置

步骤15 在"特效"功能区的"氛围"选项卡中，单击"关月亮"特效中的"添加到轨道"按钮，如图6-35所示。

步骤16 执行操作后，即可添加"关月亮"特效，调整特效时长至照片素材的开始位置，如图6-36所示。

图 6-35　单击"添加到轨道"按钮（2）

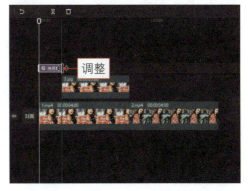

图 6-36　添加"关月亮"特效并调整时长

步骤 17 拖曳时间指示器至"关月亮"特效后面，在"特效"功能区的"氛围"选项卡中，单击"星火炸开"特效中的"添加到轨道"按钮 ，如图6-37所示。

步骤 18 执行操作后，即可添加"星火炸开"特效，如图6-38所示。

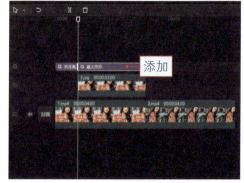

图 6-37　单击"添加到轨道"按钮（3）　　　　图 6-38　添加"星火炸开"特效

步骤 19 选择照片素材，在"动画"操作区的"入场"选项卡中，❶选择"向左滑动"动画；❷设置"动画时长"参数为1.0s，如图6-39所示。

步骤 20 采用与上同样的方法，在轨道中添加第2个视频对应的照片素材和特效，如图6-40所示。

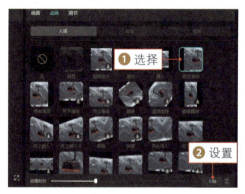

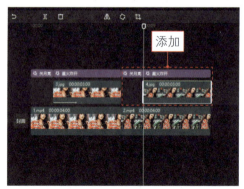

图 6-39　设置"动画时长"参数（1）　　　　图 6-40　添加照片素材和特效

步骤 21 对第2张照片进行抠像后，在"播放器"面板中，调整照片和对应视频的画面大小和位置，如图6-41所示。

步骤 22 选择照片素材，在"动画"操作区的"入场"选项卡中，❶选择"向右滑动"动画；❷设置"动画时长"参数为1.0s，如图6-42所示，最后添加一段合适的背景音乐，即可完成人物出框视频的制作。

图 6-41 调整素材的位置和大小

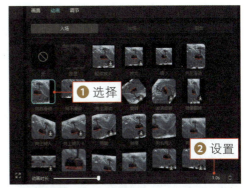

图 6-42 设置"动画时长"参数（2）

6.2 色度抠图功能

"色度抠图"功能可以抠除视频中不需要的色彩，从而留下想要的视频画面。本节将介绍运用"色度抠图"功能制作穿越手机视频、开门穿越视频和飞机飞过视频的操作方法。

6.2.1 制作穿越手机视频

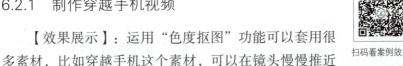

【效果展示】：运用"色度抠图"功能可以套用很多素材，比如穿越手机这个素材，可以在镜头慢慢推近手机屏幕后，进入全屏状态穿越至手机中的世界，效果如图6-43所示。

扫码看案例效果　　扫码看教学视频

图 6-43 穿越手机视频效果展示

下面介绍在剪映中运用"色度抠图"功能制作穿越手机视频的操作方法。

步骤01 在剪映中导入背景视频和穿越手机视频，如图6-44所示。

步骤02 将背景视频素材和穿越手机视频素材分别添加至视频轨道和画中画轨道中，如图6-45所示。

图 6-44　导入视频素材

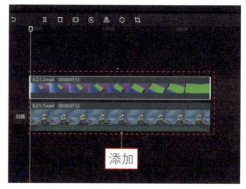

图 6-45　添加视频素材

步骤03 在"画面"操作区，❶切换至"抠像"选项卡；❷选择"色度抠图"复选框；❸单击"取色器"按钮 ；❹拖曳取色器，取样画面中的绿色，如图6-46所示。

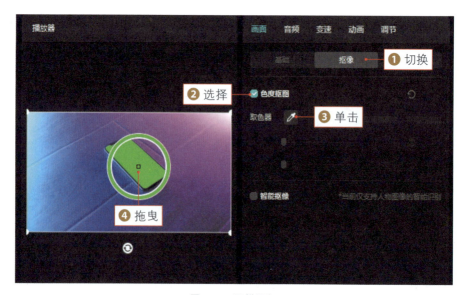

图 6-46　取样绿色

步骤04 拖曳滑块，设置"强度"和"阴影"参数均为100，如图6-47所示，在"播放器"面板中可以预览视频效果。

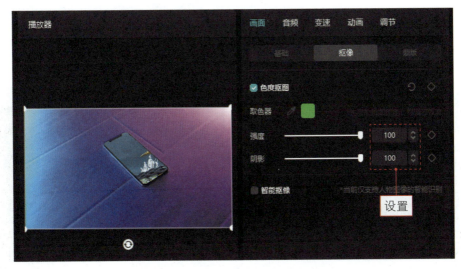

图 6-47 设置"强度"和"阴影"参数

6.2.2 制作开门穿越视频

【效果展示】：将"色度抠图"功能与绿幕素材搭配，可以制作出意想不到的视频效果。比如开门穿越这个素材，就能给人期待感，等门打开后显示视频，可以产生令人眼前一亮的效果，如图6-48所示。

扫码看案例效果 扫码看教学视频

图 6-48 开门穿越视频效果展示

下面介绍在剪映中运用"色度抠图"功能制作开门穿越视频的操作方法。

步骤01 在视频轨道中添加一个背景视频，如图6-49所示。

步骤02 在画中画轨道中添加一个开门穿越的绿幕视频，如图6-50所示。

图6-49 添加背景视频素材

图6-50 添加开门穿越绿幕视频素材

步骤03 在"画面"操作区，❶切换至"抠像"选项卡；❷选择"色度抠图"复选框；❸单击"取色器"按钮🖋；❹拖曳取色器，取样画面中的绿色，如图6-51所示。

图6-51 取样绿色

步骤04 拖曳滑块，设置"强度"和"阴影"参数均为100，如图6-52所示，在"播放器"面板中可以预览视频效果。

图 6-52 设置"强度"和"阴影"参数

6.2.3 制作飞机飞过视频

【效果展示】：剪映自带的素材库中提供了很多绿
幕素材，用户可以直接使用相应的绿幕素材制作出满意
的视频效果。例如，使用飞机飞过绿幕素材就可以轻松制作出飞机飞过眼前的视
频效果，如图6-53所示。

扫码看案例效果　扫码看教学视频

图 6-53 飞机飞过视频效果展示

下面介绍在剪映中运用"色度抠图"功能制作飞机飞过视频的操作方法。

步骤01 在视频轨道中添加一个背景视频，如图6-54所示。

步骤02 在"媒体"功能区的"素材库"|"绿幕素材"选项卡中，单击飞机飞过绿幕素材中的"添加到轨道"按钮➕，如图6-55所示。

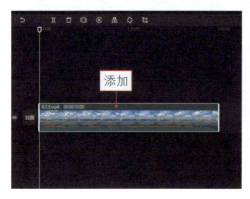

图 6-54 添加背景视频素材 　　　　图 6-55 单击"添加到轨道"按钮

步骤03 ❶将飞机飞过绿幕素材添加到画中画轨道中；❷单击"镜像"按钮，如图6-56所示，将飞机飞行的方向与背景画面中云朵飘动的方向调成一致。

步骤04 在"画面"操作区，❶切换至"抠像"选项卡；❷选择"色度抠图"复选框，如图6-57所示。

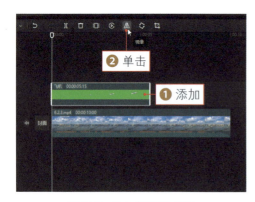

图 6-56 单击"镜像"按钮 　　　　　图 6-57 选择"色度抠图"复选框

步骤05 ❶单击"取色器"按钮✐；❷拖曳取色器，取样画面中的绿色，如图6-58所示。

步骤06 拖曳滑块，设置"强度"和"阴影"参数均为100，如图6-59所示，在"播放器"面板中可以预览视频效果。

图6-58 取样绿色

图6-59 设置"强度"和"阴影"参数

第 7 章

成为卡点大师：制作节奏感视频

7.1 为短视频添加音频

对于视频来说，背景音乐是其灵魂，所以添加音频是后期剪辑非常重要的一步。本节主要向大家介绍使用剪映为短视频添加音频、添加音效、剪辑音频、提取音频及设置音频淡入淡出等操作方法。

7.1.1 添加音乐提高视听感受

【效果展示】：剪映具有非常丰富的背景音乐曲库，而且进行了十分细致的分类，用户可以根据自己的视频内容或主题来快速添加合适的背景音乐。视频效果如图7-1所示。

扫码看案例效果　扫码看教学视频

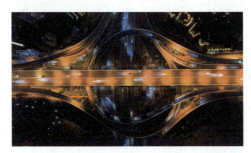
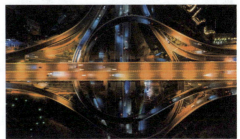

图7-1 添加背景音乐后的视频效果展示

下面介绍在剪映中添加音乐的操作方法。

步骤01 ❶在剪映中导入视频素材并将其添加到视频轨道中；❷单击"关闭原声"按钮，将原声关闭，如图7-2所示。

步骤02 单击"音频"按钮，切换至"音频"功能区，如图7-3所示。

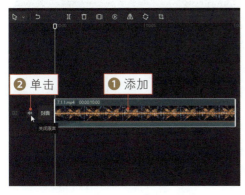

图7-2 单击"关闭原声"按钮　　图7-3 单击"音频"按钮

步骤03 在"音乐素材"|"收藏"选项卡中，❶选择合适的背景音乐；❷即可进行试听，如图7-4所示。

步骤04 单击音乐卡片中的"添加到轨道"按钮 ➕，即可将选择的音乐添加到音频轨道中，如图7-5所示。

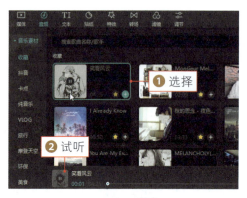
图 7-4　试听背景音乐

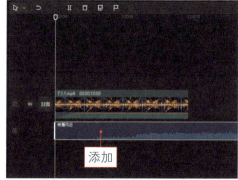
图 7-5　添加背景音乐

步骤05 ❶将时间指示器拖曳至视频结尾处；❷单击"分割"按钮 ，如图7-6所示。

步骤06 ❶选择分割后多余的音频片段；❷单击"删除"按钮 ，如图7-7所示。执行操作后，即可删除多余的音频片段，在预览窗口中可以播放预览视频效果。

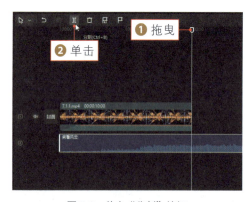
图 7-6　单击"分割"按钮

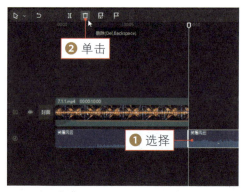
图 7-7　单击"删除"按钮

★ 专家指点 ★

用户如果听到喜欢的音乐，也可以点击 ☆ 图标，将其收藏起来，待下次剪辑视频时可以在"收藏"列表框中快速选择该背景音乐。

7.1.2　添加音效增强场景气氛

【效果展示】：剪映中提供了很多有趣的音频特效，如综艺、笑声、机械、人声、转场、游戏、魔法、打斗、美食、动物、环境音、手机、悬疑及乐器等类型，用户可以根据短视频的情境来添加音效。视频效果如图7-8所示。

扫码看案例效果　扫码看教学视频

图 7-8　添加音效后的视频效果展示

下面介绍在剪映中添加音效的操作方法。

步骤01 在剪映中添加一段视频素材，如图7-9所示。

步骤02 ❶切换至"音频"功能区；❷单击"音效素材"按钮，切换至"音效素材"选项卡，如图7-10所示。

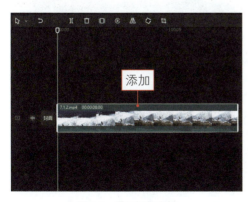

图 7-9　添加视频素材　　　　图 7-10　单击"音效素材"按钮

步骤 03 ❶选择相应的音效类型，如"环境音"；❷在面板中选择对应的"海浪声"音效；❸即可进行试听，如图7-11所示。

步骤 04 单击音效卡片中的"添加到轨道"按钮➕，将选择的音效添加到音频轨道中，调整音效时长，如图7-12所示。

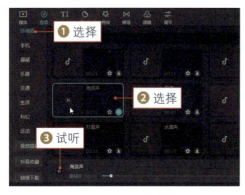

图 7-11　试听背景音效

图 7-12　调整音效时长

7.1.3　提取音频设置淡入淡出

【效果展示】：如果用户看到其他背景音乐好听的视频，也可以将其保存到计算机中，并通过剪映来提取视频中的背景音乐，添加到自己的视频中。此外，还可以为提取的音频设置淡入淡出效果，让背景音乐显得不那么突兀。视频效果如图7-13所示。

扫码看案例效果　扫码看教学视频

图 7-13　视频效果展示

下面介绍在剪映中提取音频设置淡入淡出的操作方法。

步骤 01 在剪映中添加一段视频素材，如图7-14所示。

步骤 02 ❶切换至"音频"功能区中的"音频提取"选项卡；❷单击"导入"按钮，如图7-15所示。

步骤 03 ❶在弹出的"请选择媒体资源"对话框中选择相应的视频素材；❷单击"打开"按钮，如图7-16所示。

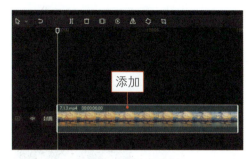

图 7-14　添加视频素材　　　　　　　图 7-15　单击"导入"按钮

步骤 04 执行操作后，即可在"音频"功能区中导入并提取音频文件，单击"添加到轨道"按钮，如图7-17所示。

图 7-16　单击"打开"按钮　　　　　　图 7-17　单击"添加到轨道"按钮

步骤 05 将"音频"功能区中提取的音频文件添加到音频轨道中，如图7-18所示。

步骤 06 选择音频素材，在"音频"操作区中，❶ 设置"音量"参数为-6.0dB，适当调整音频音量；❷ 设置"淡入"和"淡出"参数均为 0.5s，为提取的音频添加淡入淡出效果，使其不显得突兀，如图 7-19 所示。

图 7-18　添加到音频轨道中

图 7-19　设置各个参数

137

7.2 制作动感卡点视频

卡点视频最重要的就是对音乐节奏的把控，本节主要向大家介绍手动踩点制作滤镜卡点、自动踩点制作多屏卡点、制作色彩渐变显示卡点及制作X型蒙版开幕卡点的操作方法。

7.2.1 手动踩点制作滤镜卡点

【效果展示】：在剪映中应用"手动踩点"功能，可以制作出节奏感非常强烈的卡点视频。根据音乐节奏切换不同的滤镜，可以让单调的视频画面变得更好看。滤镜卡点视频效果如图7-20所示。

扫码看案例效果　扫码看教学视频

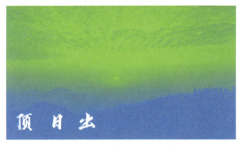 

图 7-20　滤镜卡点视频效果展示

下面介绍在剪映中手动踩点制作滤镜卡点的操作方法。

步骤01 在剪映中导入一段视频素材和一段背景音乐，如图7-21所示。

步骤02 将视频素材和背景音乐添加到视频轨道和音频轨道中，如图 7-22 所示。

步骤03 ❶选择背景音乐；❷根据音乐节奏的起伏单击"手动踩点"按钮 🎵；❸即可在音频素材上添加节拍点，节拍点以黄色的小圆点显示，如图7-23所示。

步骤04 将时间指示器拖曳至开始位置，❶ 单击"滤镜"按钮；❷ 切换至"风格化"选项卡；❸ 单击"星云"滤镜右下角的"添加到轨道"按钮，如图 7-24 所示。

图 7-21　导入视频素材和背景音乐

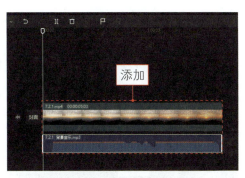

图 7-22　添加视频素材和背景音乐

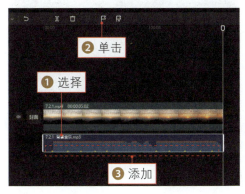

图 7-23　添加节拍点

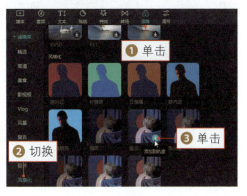

图 7-24　单击"添加到轨道"按钮（1）

步骤05 调整滤镜的时长，使其对齐第1个小黄点的位置，如图7-25所示。

步骤06 根据小黄点的位置，继续添加不同的滤镜，效果如图7-26所示。

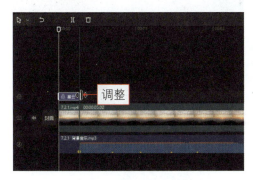

图 7-25　调整滤镜的时长

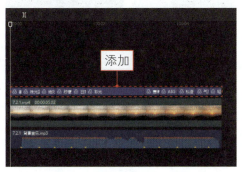

图 7-26　继续添加不同的滤镜

★ 专家指点 ★

单击"删除踩点"按钮█，可以删除时间指示器所在位置处的节拍点；单击"清空踩点"按钮█，可以将音频素材上的所有节拍点全部删除。

步骤 07 在"文本"功能区中，单击"默认文本"中的"添加到轨道"按钮 🞤，如图7-27所示。

步骤 08 执行操作后，即可添加默认文本，并调整时长与视频时长一致，如图7-28所示。

图 7-27　单击"添加到轨道"按钮（2）　　　图 7-28　调整文本时长

步骤 09 在"文本"操作区的"基础"选项卡中，❶输入相应的文字内容；❷并设置一个合适的字体，如图7-29所示。

步骤 10 在预览窗口中，调整文本的位置和大小，如图7-30所示。

图 7-29　设置合适的字体　　　　　图 7-30　调整文本的位置和大小

步骤 11 在"动画"操作区的"入场"选项卡中，❶选择"向右集合"动画；❷设置"动画时长"参数为3.0s，如图7-31所示。

图 7-31　设置"动画时长"参数

7.2.2　自动踩点制作多屏卡点

扫码看案例效果　扫码看教学视频

【效果展示】：制作多屏卡点视频效果时，主要使用剪映的"自动踩点"功能和"分屏"特效，实现一个视频画面根据节拍点自动分出多个相同的视频画面，效果如图7-32所示。

图 7-32　多屏卡点视频效果展示

下面介绍在剪映中自动踩点制作多屏卡点的操作方法。

步骤01 在剪映中导入一段视频素材，在音频轨道中添加一首合适的卡点背景音乐，并调整音乐的时长，如图7-33所示。

步骤02 ❶选择音频素材；❷单击"自动踩点"按钮🔳；❸在打开的下拉列表框中选择"踩节拍Ⅰ"选项，如图7-34所示。执行操作后，即可添加节拍点。

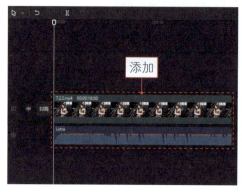

图 7-33 添加视频素材和背景音乐　　　图 7-34 选择"踩节拍Ⅰ"选项

步骤03 将时间指示器拖曳至第2个节拍点上，❶切换至"特效"功能区；❷展开"分屏"选项卡；❸单击"两屏"特效中的"添加到轨道"按钮➕，如图7-35所示。

步骤04 执行操作后，即可在轨道上添加"两屏"特效，适当调整特效的时长，使其刚好卡在第2个和第3个节拍点之间，如图7-36所示。

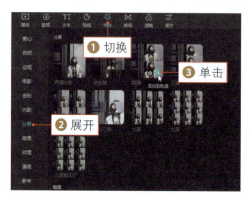 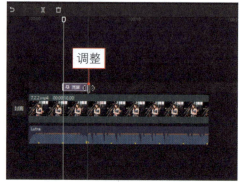

图 7-35 单击"添加到轨道"按钮　　　图 7-36 调整"两屏"特效的时长

★ 专家指点 ★

在剪映中，"九屏"特效是彩色的，而"九屏跑马灯"特效则与"九屏"特效不同，当其中一个屏亮的时候，其他屏都是黑白色的。

步骤05 使用同样的操作方法，在每两个节拍点之间，分别添加"三屏"特效、"四屏"特效、"六屏"特效、"九屏"特效及"九屏跑马灯"特效，如图7-37所示。执行操作后，即可播放视频，查看制作的多屏卡点效果。

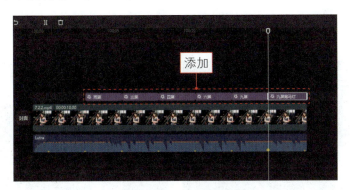

图 7-37　添加相应的分屏特效

7.2.3　制作色彩渐变显示卡点

【效果展示】：色彩渐变显示卡点视频是短视频卡点类型中比较热门的一种，视频画面会随着音乐的节奏点从黑白色渐变为有颜色的画面，主要使用剪映的"自动踩点"功能和"变彩色"特效，其效果如图7-38所示。

扫码看案例效果　扫码看教学视频

图 7-38　色彩渐变显示卡点视频效果展示

下面介绍在剪映中制作色彩渐变显示卡点的操作方法。

步骤 01 在视频轨道和音频轨道中添加多个素材和一段背景音乐，如图7-39所示。

步骤 02 ❶选择音频轨道中的素材；❷单击"自动踩点"按钮图；❸在打开的下拉列表框中选择"踩节拍Ⅰ"选项，如图7-40所示。

图 7-39 添加多个素材和一段音频素材

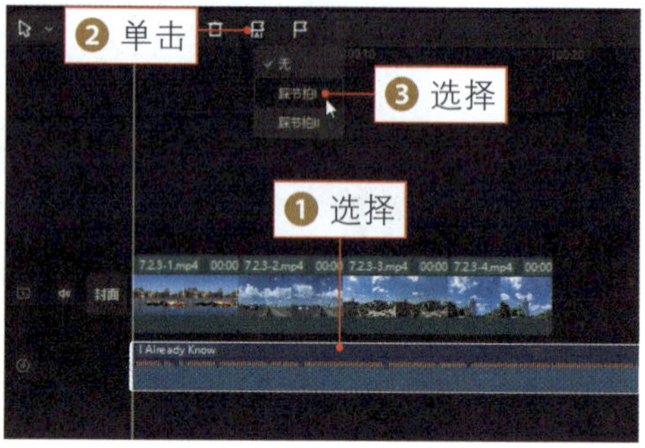

图 7-40 选择"踩节拍Ⅰ"选项

步骤 03 执行操作后，❶即可在音频上添加黄色的节拍点；❷拖曳第1个素材文件右侧的白色拉杆，使其长度对准音频上的第2个节拍点，如图7-41所示。

步骤 04 使用同样的操作方法，❶调整后面的素材文件时长，使其与相应的节拍点对齐；❷并剪掉多余的背景音乐，如图7-42所示。

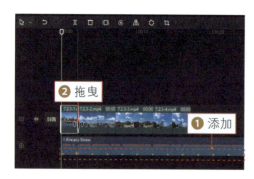

图 7-41 调整素材的时长

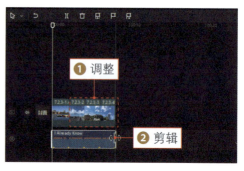

图 7-42 剪掉多余的背景音乐

步骤 05 将时间指示器拖曳至开始位置处，❶切换至"特效"功能区；❷在"基础"选项卡中单击"变彩色"特效中的"添加到轨道"按钮 ，如图7-43所示。

步骤 06 执行操作后，即可在轨道上添加"变彩色"特效，如图7-44所示。

步骤 07 拖曳特效右侧的白色拉杆，调整特效的时长与第1段视频的时长一致，如图7-45所示。

步骤08 通过复制粘贴的方式，在其他3个视频的上方添加与视频同长的"变彩色"特效，如图7-46所示。执行上述操作后，即可在预览窗口中查看渐变卡点视频效果。

图 7-43　单击"添加到轨道"按钮

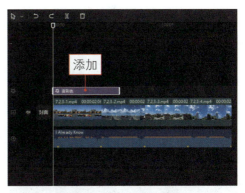

图 7-44　添加"变彩色"特效

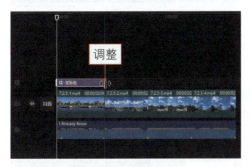

图 7-45　调整特效时长

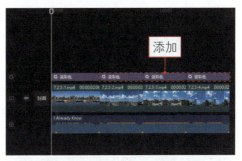

图 7-46　添加多个"变彩色"特效

7.2.4　制作X型蒙版开幕卡点

【效果展示】：运用"镜面"蒙版可以将视频画面的显示范围设置为交叉的 X 型，再搭配上动感的音乐和动画，从而制作出 X 型蒙版开幕卡点，效果如图 7-47 所示。

扫码看案例效果

扫码看教学视频

图 7-47　X 型蒙版开幕卡点视频效果展示

145

下面介绍在剪映中制作X型蒙版开幕卡点的操作方法。

步骤01 在视频轨道添加一个视频素材，如图7-48所示。

步骤02 在"滤镜"功能区的"黑白"选项卡中，单击"默片"滤镜中的"添加到轨道"按钮➕，如图7-49所示。

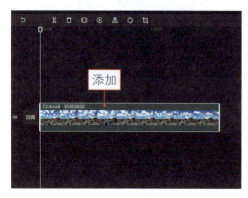

图7-48 添加视频素材

图7-49 单击"添加到轨道"按钮

步骤03 执行操作后，即可添加一个"默片"滤镜，调整滤镜时长与视频时长一致，如图7-50所示。

步骤04 执行操作后，将调色视频导出备用，并将"默片"滤镜删除，❶在音频轨道中添加一段背景音乐，调整其时长与视频时长一致；❷单击"自动踩点"按钮📍；❸在打开的下拉列表框中选择"踩节拍Ⅱ"选项，如图7-51所示。

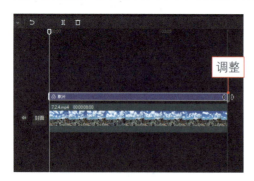

图7-50 调整滤镜时长

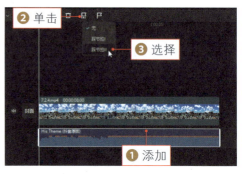

图7-51 选择"踩节拍Ⅱ"选项

步骤05 执行操作后，即可在背景音乐上添加多个节拍点，如图7-52所示。

步骤06 在"媒体"功能区的"素材库"选项卡中，选择一个黑场素材，如图7-53所示。

步骤07 将黑场素材拖曳至画中画轨道中，并调整其结束位置与第5个节拍点对齐，如图7-54所示。

步骤08 在预览窗口中调整黑场素材的大小，使其铺满整个屏幕，如图7-55所示。

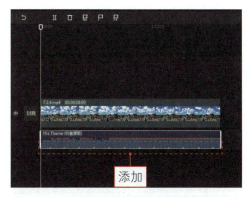

图7-52 添加多个节拍点

图7-53 选择黑场素材

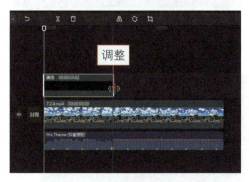

图7-54 调整黑场素材的结束位置

图7-55 调整黑场素材的大小

步骤09 将前面导出的调色视频导入"媒体"功能区，如图7-56所示。

步骤10 将调色视频添加到第2条画中画轨道中，拖曳左侧的白色拉杆，调整其开始位置与第1个节拍点对齐，如图7-57所示。

图7-56 导入调色视频

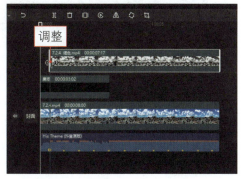

图7-57 调整调色视频的开始位置

步骤11 拖曳调色视频右侧的白色拉杆，调整其结束位置与第5个节拍点对齐，如图7-58所示。

步骤12 在"画面"操作区的"蒙版"选项卡中，选择"镜面"蒙版，如图7-59所示。

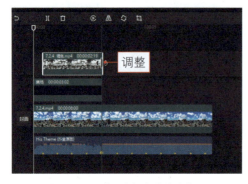

图 7-58　调整调色视频的结束位置

图 7-59　选择"镜面"蒙版

步骤13 在预览窗口中，调整蒙版的位置和角度，如图7-60所示。

图 7-60　调整蒙版的位置和角度（1）

步骤14 复制第2条画中画轨道中的调色视频，将其粘贴至第3条画中画轨道中，并调整其开始位置与第2个节拍点对齐，如图7-61所示。

步骤15 在"蒙版"选项卡中，将"旋转"参数中的负数改为正数，即-33°，如图7-62所示，即可翻转蒙版的位置，使画面呈X型。

步骤16 在第4条画中画轨道中，添加原视频素材，并调整其起始位置与第3个节拍点对齐、结束位置与第5个节拍点对齐，如图7-63所示。

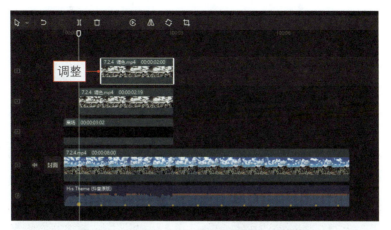

图 7-61 调整第 3 条画中画轨道中视频的开始位置

图 7-62 修改"旋转"参数为正数（1）

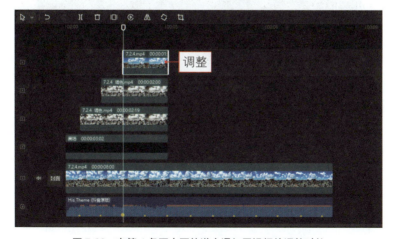

图 7-63 在第 4 条画中画轨道中添加原视频并调整时长

步骤17 采用上述同样的方法，为视频添加"镜面"蒙版并调整蒙版的位置和角度，如图7-64所示。

图7-64　调整蒙版的位置和角度（2）

步骤18 将第4条画中画轨道中的原视频复制粘贴到第5条画中画轨道中，并调整开始位置与第4个节拍点对齐，如图7-65所示。

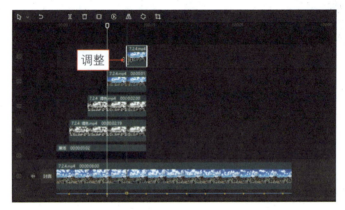

图7-65　复制粘贴原视频并调整开始位置

步骤19 在"蒙版"选项卡中，修改"旋转"参数为正数，使蒙版翻转，制作一组有颜色的X型画面，如图7-66所示。

步骤20 选择第2条画中画轨道中的视频，在"动画"操作区的"入场"选项卡中，选择"向左下甩入"动画，如图7-67所示，为视频添加动画效果。采用同样的方法，为第4条画中画轨道中的视频添加"向左下甩入"动画效果。

步骤21 选择第3条画中画轨道中的视频，在"动画"操作区的"入场"选项卡中，选择"向右下甩入"动画，如图7-68所示，为视频添加动画效果。采用同样的方法，为第5条画中画轨道中的视频添加"向右下甩入"动画效果，完成X型蒙版开幕卡点视频的制作。

图 7-66　修改"旋转"参数为正数（2）

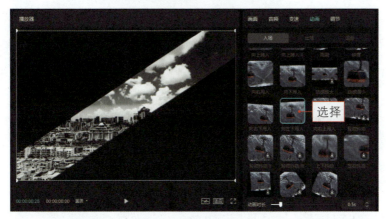

图 7-67　选择"向左下甩入"动画

图 7-68　选择"向右下甩入"动画

第 8 章

片头片尾大神：让视频前后都引人入胜

8.1　添加片头片尾

剪映除了具有强大的视频剪辑功能，还自带一个种类丰富、数量繁多的素材库。如果用户希望自己的视频有一个好看的片头片尾，最简单的方法就是在剪映"素材库"选项卡的"片头"和"片尾"选项组中挑选并添加合适的片头片尾。

8.1.1　了解自带的片头片尾

在剪映中导入相应的素材，单击"媒体"功能区中的"素材库"按钮，即可展开"素材库"选项卡，如图8-1所示。切换至"片头"选项组，即可查看片头素材，如图8-2所示。

扫码看教学视频

图 8-1　单击"素材库"按钮

图 8-2　"片头"选项组

❶在"片头"选项组中选择相应的片头素材；❷在"播放器"面板中可以预览素材，如图8-3所示。

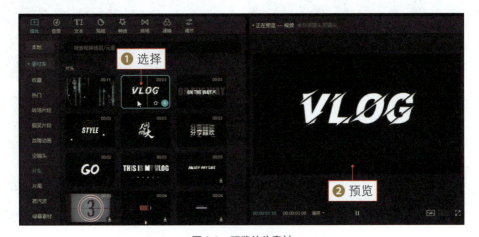

图 8-3　预览片头素材

拖曳时间指示器至视频的结束位置，❶切换至"片尾"选项组；❷单击相应片尾素材右下角的"添加到轨道"按钮➕，如图8-4所示，即可为视频添加片尾。如果用户对添加的片尾不满意，可以单击"删除"按钮🗑，如图8-5所示，即可删除片尾。片头素材的添加和删除也是同样的操作方法。

图 8-4　单击相应按钮

图 8-5　单击"删除"按钮

8.1.2　添加自带的片头片尾

【效果展示】：素材库中的部分视频素材是没有声音的，用户可以将有背景音乐的视频与素材库中自带的片头片尾结合使用，效果如图8-6所示。

扫码看案例效果　扫码看教学视频

图 8-6　添加自带的片头片尾效果展示

下面介绍在剪映中添加自带的片头片尾的操作方法。

步骤01 在视频轨道中添加一个视频素材，如图8-7所示。

步骤02 在"媒体"功能区的"素材库"选项卡中，选择"片头"选项组中需要的片头素材，如图8-8所示。

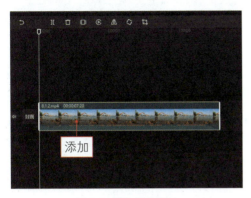

图8-7　添加视频素材

图8-8　选择片头素材

步骤03 将片头素材拖曳至画中画轨道中的开始位置，如图8-9所示。

步骤04 在"画面"操作区的"基础"选项卡中设置"混合模式"为"变暗"，如图8-10所示，将片头中的白色去除，在文字上显露出视频轨道中的背景画面。

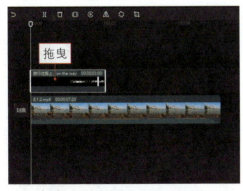

图8-9　拖曳片头至开始位置

图8-10　设置"变暗"模式

步骤05 在"媒体"功能区的"素材库"选项卡中，选择"片尾"选项组中需要的片尾素材，如图8-11所示。

步骤06 将片尾素材拖曳至视频的结束位置，如图8-12所示。

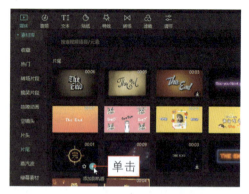

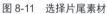

图 8-11　选择片尾素材

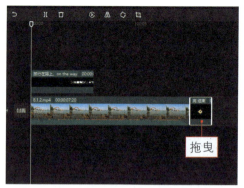

图 8-12　拖曳片尾至结束位置

8.2　制作片头片尾

如果用户想拥有一个与众不同的片头、片尾效果，让视频前后都引人入胜，可以利用剪映中的多种功能制作片头、片尾动画特效。本节主要介绍制作商务年会片头、片名缩小片头、个性专属片尾及方框悬挂片尾等操作方法。

8.2.1　制作商务年会片头

【效果展示】：在剪映中，利用倒计时素材和"文本"功能，即可制作商务年会片头，效果如图 8-13 所示。

扫码看案例效果　扫码看教学视频

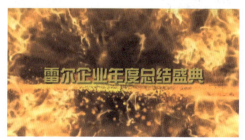

图 8-13　商务年会片头效果展示

下面介绍在剪映中制作商务年会片头的操作方法。

步骤01 在视频轨道中添加一个倒计时视频素材，如图8-14所示。

步骤02 ❶拖曳时间指示器至00:00:04:20位置；❷添加一个默认文本并调整文本的时长，如图8-15所示。

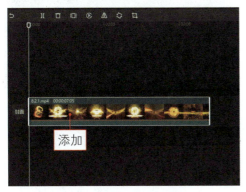

图 8-14　添加倒计时视频素材

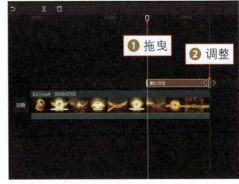

图 8-15　调整文本的时长

步骤03 ❶在"文本"操作区的"基础"选项卡中输入文字内容；❷设置一个合适的字体；❸选择文字颜色，如图8-16所示。

步骤04 向下滑动面板，在下方的选项组中选择"阴影"复选框，给文字添加阴影效果，如图8-17所示。

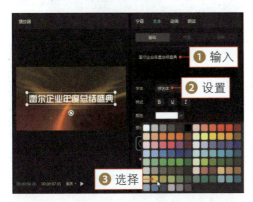

图 8-16　选择文字颜色

图 8-17　选择"阴影"复选框

步骤05 ❶在"动画"操作区的"入场"选项卡中选择"放大"动画；❷设置"动画时长"参数为1.5s，如图8-18所示。

步骤06 执行上述操作后，在"动画"操作区的"出场"选项卡中选择"放大"动画，如图8-19所示。

图 8-18　设置"动画时长"参数

图 8-19　选择"放大"动画

8.2.2　制作片名缩小片头

扫码看案例效果　扫码看教学视频

【效果展示】：在剪映中制作片名缩小片头效果，主要是通过设置关键帧的方式制作而成的，让文字实现由大到小缩放的效果，如图8-20所示。

图 8-20　片名缩小片头效果展示

下面介绍在剪映中制作片名缩小片头的操作方法。

步骤01 在视频轨道中添加一个视频素材，如图8-21所示。

步骤02 在字幕轨道中，添加一个默认文本，并调整文本的时长为00:00:08:00，如图 8-22 所示。

图 8-21　添加视频素材

图 8-22　调整文本的时长

步骤 03 ❶在"文本"操作区的"基础"选项卡中输入文字内容；❷设置一个合适的字体；如图8-23所示。

步骤 04 在"排列"选项组中，❶设置"字间距"参数为3；❷在预览窗口中调整文本的大小和位置，如图8-24所示。

图 8-23 设置合适的字体 　　　　　　图 8-24 调整文本的大小和位置（1）

步骤 05 执行操作后，向下滑动面板，❶在下方的选项组中选择"阴影"复选框；❷设置"颜色"为深红色；❸设置"距离"参数为10、"角度"参数为-45°，给文字添加阴影效果，如图8-25所示。

步骤 06 拖曳时间指示器至00:00:01:20位置，在"文本"操作区的"基础"选项卡中，点亮"缩放"关键帧◆，如图8-26所示。

图 8-25 设置"角度"参数 　　　　　　图 8-26 点亮"缩放"关键帧

步骤 07 拖曳时间指示器至视频的起始位置，设置"缩放"参数为500%，如图8-27所示，实现文字由大到小缩放的效果。

步骤 08 在"动画"操作区的"出场"选项卡中，❶选择"溶解"动画；❷设置"动画时长"参数为1.5s，如图8-28所示。

图 8-27　设置"缩放"参数

图 8-28　设置"动画时长"参数（1）

步骤 09 在视频两秒的位置处，添加一个英文文本，并调整其时长与中文文本的时长一致，在"文本"操作区中，❶选择一个合适的预设样式；❷设置"字间距"参数为4；❸在预览窗口中调整文本的大小和位置，如图8-29所示。

步骤 10 在"动画"操作区的"入场"选项卡中，❶选择"逐字显影"动画；❷设置"动画时长"参数为1.6s，如图8-30所示。执行操作后，在"出场"选项卡中，为英文文本添加"溶解"出场动画，并设置"动画时长"参数为1.5s，完成片名缩小片头的制作。

图 8-29　调整文本的大小和位置（2）

图 8-30　设置"动画时长"参数（2）

8.2.3　制作个性专属片尾

【效果展示】：简单有个性的片尾能为视频引流，增加关注量和粉丝量。在剪映中可以制作出专属于自己的个性片尾，效果如图8-31所示。

扫码看案例效果　扫码看教学视频

图 8-31 个性专属片尾效果展示

下面介绍在剪映中制作个性专属片尾的操作方法。

步骤 01 在剪映中导入一张照片素材和一段片尾绿幕素材，如图8-32所示。

步骤 02 将照片素材和片尾绿幕素材分别添加到视频轨道和画中画轨道中，并将时长调整为一致，如图8-33所示。

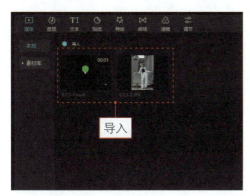

图 8-32 导入照片和片尾素材

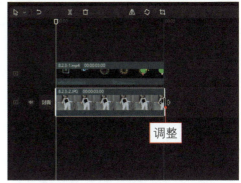

图 8-33 调整素材的时长

步骤 03 将时间指示器拖曳至结束位置，选择片尾素材，在"画面"操作区的"抠像"选项卡中，❶选择"色度抠图"复选框；❷单击"取色器"按钮 🖋；❸在预览窗口中拖曳取色器对绿色进行取样，如图8-34所示。

步骤 04 执行操作后，在"抠像"选项卡中，设置"强度"和"阴影"参数均为100，抠除片尾素材中的绿色，显示照片头像画面，如图8-35所示。执行操作后，在预览窗口中可以调整照片的位置，完成个性专属片尾的制作。

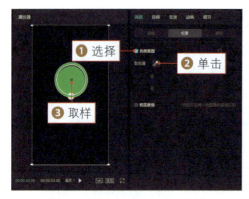

图 8-34　对绿色进行取样

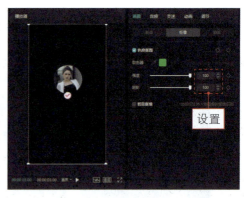

图 8-35　设置"强度"和"阴影"参数

8.2.4　制作方框悬挂片尾

【效果展示】：方框悬挂片尾效果是指在视频结尾时，画面左侧或画面右侧会悬挂一个方框，片尾字幕会在悬挂的方框中从下往上滚动显示，效果如图8-36所示。

扫码看案例效果　　扫码看教学视频

图 8-36　方框悬挂片尾效果展示

下面介绍在剪映中制作方框悬挂片尾的操作方法。

步骤01 在字幕轨道中添加一个默认文本，并调整文本的结束位置至 00:00:13:00，如图8-37所示。

步骤02 打开事先编辑好的片尾字幕记事本，按【Ctrl+A】组合键全选记事本中的内容，按【Ctrl+C】组合键进行复制，如图8-38所示。

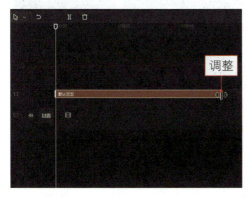

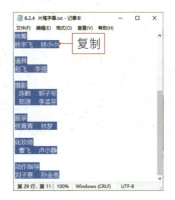

图 8-37　调整文本的结束位置　　　　　　　　图 8-38　全选并复制记事本中的内容

步骤03 在"文本"操作区的"基础"选项卡中，按【Ctrl+V】组合键粘贴记事本中的内容，设置"缩放"参数为30%，如图8-39所示。

步骤04 在"排列"选项组中，❶设置"字间距"参数为5；❷设置"行间距"参数为18，如图8-40所示。

图 8-39　设置"缩放"参数（1）　　　　　　　图 8-40　设置"行间距"参数（1）

步骤05 拖曳时间指示器至00:00:00:15位置，在"文本"操作区中，❶点亮"位置"关键帧◆；❷在"播放器"面板中将文本垂直向下移出画面，如图8-41所示。

步骤06 拖曳时间指示器至00:00:11:00位置，❶在"播放器"面板中将文本垂直向上移出画面；❷添加第2个"位置"关键帧◆，如图8-42所示，制作字幕从下往上滚动的效果。

图 8-41　将文本垂直向下移出画面

图 8-42　添加第 2 个"位置"关键帧（1）

步骤 07 拖曳时间指示器至00:00:09:15位置（即第1条字幕最后一行显示在画面中间的位置），在第2条字幕轨道中添加一个默认文本，并调整文本的结束位置至00:00:13:00，如图8-43所示。

步骤 08 在"文本"操作区的"基础"选项卡中，输入"特别鸣谢"相关的文本内容，设置"缩放"参数为33%，如图8-44所示，适当缩小文本大小。

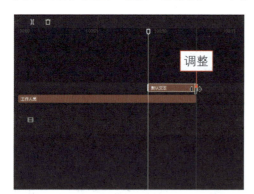

图 8-43　调整文本的结束位置

图 8-44　设置"缩放"参数（2）

步骤 09 在"排列"选项组中，❶设置"字间距"参数为3；❷设置"行间距"参数为18，如图8-45所示。

步骤 10 在"文本"操作区中，❶点亮"位置"关键帧◆；❷在"播放器"面板中将第2个文本垂直向下移出画面，如图8-46所示。

步骤 11 拖曳时间指示器至00:00:12:00位置，❶在"播放器"面板中将文本垂直向上移至画面中间；❷添加第2个"位置"关键帧◆，如图8-47所示。

步骤 12 在"动画"操作区的"出场"选项卡中，❶选择"渐隐"动画；❷设置"动画时长"参数为0.7s，如图8-48所示，使文本向上滚动至中间停住后渐渐淡出。执行上述操作后，将制作的片尾字幕导出为视频备用。

图8-45 设置"行间距"参数（2）

图8-46 移动第2个文本

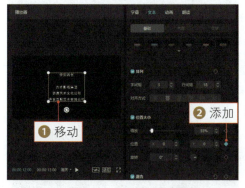

图8-47 添加第2个"位置"关键帧（2）

图8-48 设置"动画时长"参数（1）

步骤13 清空轨道，在"媒体"功能区中，导入制作的片尾字幕视频和一个背景视频，如图8-49所示。

步骤14 将背景视频添加到视频轨道中，如图8-50所示。

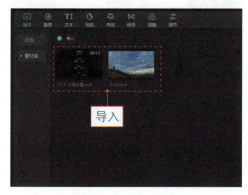

图8-49 导入两个视频

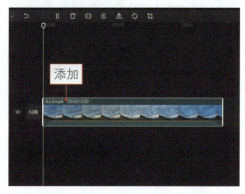

图8-50 将背景视频添加到视频轨道中

步骤 15 在"贴纸"功能区中，❶搜索"矩形框"；❷在下方选择一个带有气泡的矩形方框贴纸并单击"添加到轨道"按钮 ➕，如图8-51所示。

步骤 16 执行操作后，即可将方框贴纸添加到轨道中，调整贴纸时长与视频时长保持一致，如图8-52所示。

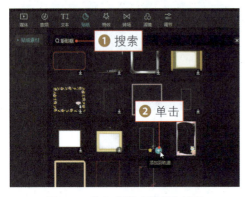
图 8-51　单击"添加到轨道"按钮

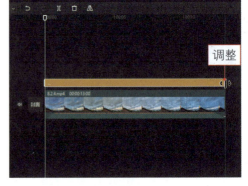
图 8-52　调整贴纸时长

步骤 17 在"贴纸"操作区中，❶设置"缩放"参数为108%；❷在"播放器"面板中调整贴纸的位置，如图8-53所示，使其悬挂在画面右侧。

步骤 18 在"动画"操作区的"入场"选项卡中，❶选择"渐显"动画；❷设置"动画时长"参数为0.5s，如图8-54所示，制作贴纸淡入效果。

图 8-53　调整贴纸的位置

图 8-54　设置"动画时长"参数（2）

步骤 19 在"动画"操作区的"出场"选项卡中，❶选择"渐隐"动画；❷设置"动画时长"参数为1.0s，如图8-55所示，制作贴纸淡出效果。

步骤 20 选择视频，在"动画"操作区的"出场"选项卡中，❶选择"渐隐"动画；❷设置"动画时长"参数为1.0s，如图8-56所示，制作视频淡出效果。

图 8-55 设置"动画时长"参数（3）

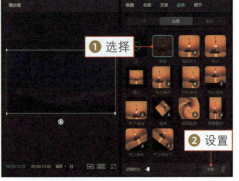
图 8-56 设置"动画时长"参数（4）

步骤21 将片尾字幕添加到画中画轨道中，如图8-57所示。

步骤22 选择片尾字幕视频，在"画面"操作区的"基础"选项卡中，❶设置"混合模式"为"滤色"；❷在"播放器"面板中调整大小和位置，如图8-58所示，使片尾字幕刚好在方框中显示。至此，完成方框悬挂片尾效果的制作。

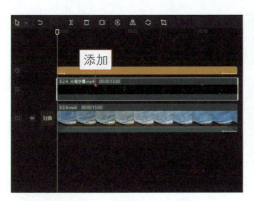
图 8-57 将片尾字幕添加到画中画轨道中

图 8-58 调整大小和位置

第 9 章

晋级技术大拿：制作个性节日视频

9.1　制作节日祝福视频

现在很多人都会在一些重要节日制作祝福视频，发给家人、朋友，或者发到各大网站平台上，与网友"云"庆祝节日。本节将向大家介绍3个节日视频的制作方法，希望大家可以举一反三，制作出属于自己的个性节日视频。

9.1.1　《春节》贺年视频

扫码看案例效果　　扫码看教学视频

【效果展示】：春节又称过年，是民间传统的节日，每到过年，逢人便会互相祝福对方新年快乐。在剪映中制作《春节》贺年视频，需要准备一个喜气的背景视频，通过"文本"和"动画"功能，为视频添加贺年的祝福词，效果如图 9-1 所示。

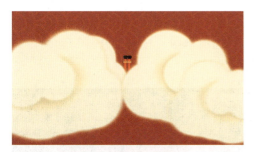

图 9-1　《春节》贺年视频效果展示

下面介绍在剪映中制作《春节》贺年视频的操作方法。

步骤01 在剪映中添加一个背景视频，并调整时长为00:00:06:09，如图9-2所示。

步骤02 拖曳时间指示器至00:00:02:00位置，在"文本"功能区的"花字"|"黄色"选项卡中，找到一个合适的花字并单击"添加到轨道"按钮➕，如图9-3所示。

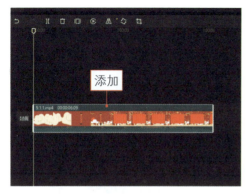

图 9-2　添加背景视频并调整时长

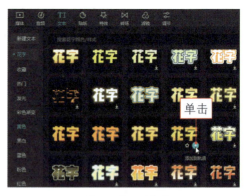

图 9-3　单击"添加到轨道"按钮

步骤 03 执行操作后，即可添加一个文本，调整文本的结束位置与视频的结束位置对齐，在"文本"操作区的"基础"选项卡中，❶输入文字内容；❷设置一个合适的字体；❸在预览窗口中调整文字的大小和位置，如图9-4所示。

步骤 04 在"动画"操作区的"入场"选项卡中，选择"开幕"动画，如图9-5所示，使文字跟随卷轴的打开而显示文字。

图 9-4　调整文字的大小和位置（1）

图 9-5　选择"开幕"动画

步骤 05 复制制作的文本，在00:00:03:00位置将其粘贴至第2条字幕轨道中，并调整其时长，如图9-6所示。

步骤 06 在"文本"操作区的"基础"选项卡中，❶修改文字内容；❷在预览窗口中调整文字的大小和位置，如图9-7所示。

图 9-6　调整文本的时长

图 9-7　调整文字的大小和位置（2）

9.1.2　《元宵节》祝福视频

扫码看案例效果　扫码看教学视频

【效果展示】：每年农历的正月十五是元宵节，又称上元节、小正月、元夕或灯节，自古便有赏灯、猜灯谜及吃汤圆等习俗。本节制作的《元宵节》祝福视频效果如图9-8所示。

图 9-8　《元宵节》祝福视频效果展示

下面介绍在剪映中制作《元宵节》祝福视频的操作方法。

步骤 01 在剪映中添加一个背景视频和一个默认文本，并调整文本的结束位置至00:00:01:05，如图9-9所示。

步骤 02 在"文本"操作区的"基础"选项卡中，❶输入文字内容；❷设置一个字体；❸选择一个合适的预设样式；❹在预览窗口中调整文字的大小和位置，如图9-10所示。

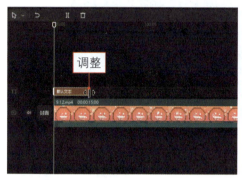

图 9-9 添加背景视频并调整时长

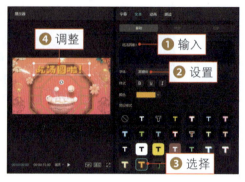

图 9-10 调整文字的大小和位置

步骤 03 在"动画"操作区的"循环"选项卡中，❶选择"上弧"动画；❷设置"动画快慢"参数为1.0s，如图9-11所示。

步骤 04 复制制作的文本并在后面粘贴4个，❶修改粘贴的文本内容；❷调整视频的结束位置与最后一个文本的结束位置对齐，如图9-12所示。

图 9-11 设置"动画快慢"参数

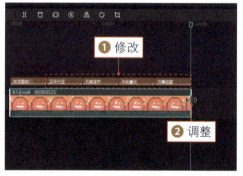

图 9-12 调整视频的结束位置

9.1.3 《中秋节》团圆视频

【效果展示】：中秋节又有团圆节之称，人们以圆圆的月亮期盼家人团圆，寄托思念故乡、思念亲人之情，

扫码看案例效果　扫码看教学视频

自古便有赏月、吃月饼等民俗。本节制作的《中秋节》团圆视频效果如图9-13所示。

图9-13　《中秋节》团圆视频效果展示

下面介绍在剪映中制作《中秋节》团圆视频的操作方法。

步骤01 在剪映中添加一个背景视频并调整时长为00:00:05:00，如图9-14所示。

步骤02 在"贴纸"功能区的"收藏"选项卡中，找到一个一家人聚餐的贴纸并单击"添加到轨道"按钮，如图9-15所示。

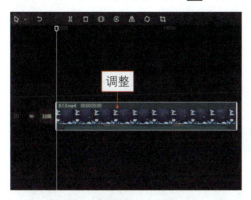

图9-14　添加背景视频并调整时长

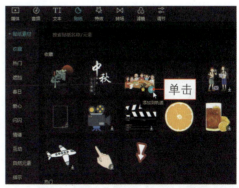

图9-15　单击"添加到轨道"按钮（1）

步骤03 在轨道上添加一个贴纸，并调整其时长与视频时长一致，在预览窗口中调整贴纸的大小和位置，如图9-16所示。

步骤04 在"动画"操作区的"入场"选项卡中，❶ 选择"渐显"动画；
❷ 设置"动画时长"参数为 1.5s，如图 9-17 所示。

图 9-16　调整贴纸的大小和位置

图 9-17　设置"动画时长"参数（1）

★ 专家指点 ★

如果用户在"贴纸"功能区的各个选项卡中都没有找到自己想要的贴纸，可以在搜索栏中搜索关键字，如"中秋节""阖家团圆"等，然后在搜索出来的贴纸中找到自己满意的贴纸即可。

步骤05 在"贴纸"功能区的"收藏"选项卡中，找到一个中秋文字的贴纸并单击"添加到轨道"按钮➕，如图9-18所示，将贴纸添加到轨道中，并调整其时长与视频时长一致。

步骤06 ❶在预览窗口中调整贴纸的位置和大小；❷在"动画"操作区的"入场"选项卡中选择"向下滑动"动画；❸设置"动画时长"参数为3.5s，如图9-19所示。至此，完成《中秋节》团圆视频的制作。

图 9-18　单击"添加到轨道"按钮（2）

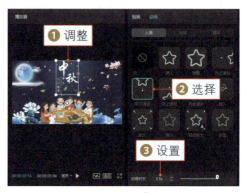

图 9-19　设置"动画时长"参数（2）

9.2　制作节日创意短片

上一节中介绍的3个案例相对来说都比较简单、时长较短，本节将以端午节短片为例，向大家介绍制作节日创意短片的操作方法。

【效果展示】：每年农历的五月初五是端午节，端午节又有端阳节、龙舟节之称，人们也将端午节作为纪念屈原、伍子胥及曹娥等人的节日，还有吃粽子、举行龙舟比赛及挂艾草菖蒲等民俗。本节制作的节日创意短片效果如图9-20所示。

图9-20　节日创意短片效果展示

9.2.1　制作节日字幕

用户在寻找素材时，可以找画面变化较多的、含有节日元素的背景素材，例如，端午节含有节日元素的有粽子、糯米、龙舟、艾草及咸鸭蛋等。找好背景素材后，即可为不同画面添加不同的节日字幕，下面介绍具体的操作方法。

步骤**01** 在剪映中添加一个背景视频，如图9-21所示。

步骤**02** 拖曳时间指示器至00:00:02:00位置，在"文本"功能区的"花字"|"黄色"选项卡中，找到一个合适的花字并单击"添加到轨道"按钮，如图9-22所示。

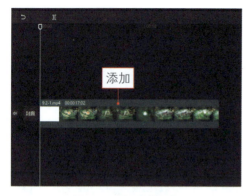

图 9-21　添加背景视频

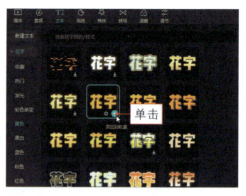

图 9-22　单击"添加到轨道"按钮

步骤 03 在轨道上添加一个文本，并调整文本的结束位置至00:00:04:05（即画面即将切换的位置），如图9-23所示。

步骤 04 在"文本"操作区的"基础"选项卡中，❶输入文本内容；❷设置一个合适的字体；❸在预览窗口中调整文本的位置和大小，如图9-24所示。

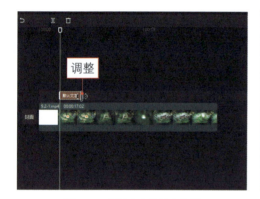

图 9-23　调整文本的结束位置

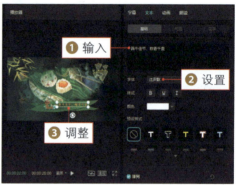

图 9-24　调整文本的位置和大小

步骤 05 在"动画"操作区的"入场"选项卡中，❶选择"羽化向右擦开"动画；❷设置"动画时长"参数为1.5s，如图9-25所示。

步骤 06 复制制作的文本，并在其他画面对应的位置再次粘贴3个文本，修改文本的内容，效果如图9-26所示。

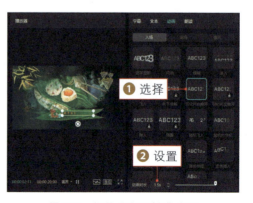

图 9-25　设置"动画时长"参数

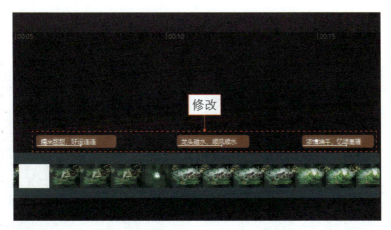

图 9-26　粘贴 3 个文本并修改文本的内容

9.2.2　制作节日片尾

制作完成节日字幕后，即可开始制作节日片尾，下面介绍具体的操作方法。

扫码看教学视频

步骤01 在视频的结束位置，添加一个片尾视频并调整片尾视频时长为 00:00:02:28，如图9-27所示。

步骤02 在"动画"操作区的"入场"选项卡中，选择"动感放大"动画，如图9-28所示。

图 9-27　调整片尾视频时长

图 9-28　选择"动感放大"动画

步骤03 拖曳时间指示器至00:00:17:20位置，在"贴纸"功能区的"收藏"选项卡中，找到一个端午节贴纸并单击"添加到轨道"按钮，如图9-29所示。

步骤04 在时间指示器的位置，即可添加一个端午节贴纸，调整贴纸的结束位置与视频的结束位置对齐，在预览窗口中调整贴纸的位置和大小，如图9-30所示。

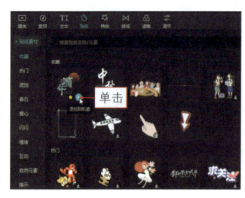

图 9-29　单击"添加到轨道"按钮　　　　　图 9-30　调整贴纸的位置和大小

步骤 **05** 执行操作后，在"动画"操作区的"入场"选项卡中，❶选择"缩小"动画；❷设置"动画时长"参数为2.0s，如图9-31所示。执行上述操作后，即可完成《中秋节》团圆视频片尾的制作。

图 9-31　调整"动画时长"参数

9.2.3　添加背景音乐

扫码看教学视频

节日片尾制作完成后，即可为视频添加一段合适的背景音乐，下面介绍具体的操作方法。

步骤 **01** 在"媒体"功能区的"本地"选项卡中，导入一段背景音乐，如图9-32所示。

步骤02 ❶将背景音乐拖曳至音频轨道中；❷拖曳时间指示器至视频的结束位置；❸单击"分割"按钮 ，如图9-33所示。

图 9-32　导入背景音乐

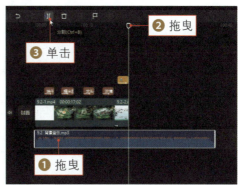

图 9-33　单击"分割"按钮

步骤03 执行操作后，即可将背景音乐分割为两段，❶选择后半段音乐；❷单击"删除"按钮 ，如图9-34所示。

步骤04 选择前半段背景音乐，在"音频"操作区的"基本"选项卡中，设置"淡出时长"参数为1.0s，如图9-35所示。

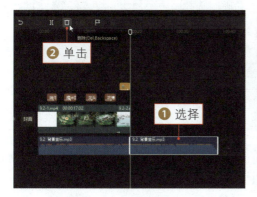

图 9-34　单击"删除"按钮

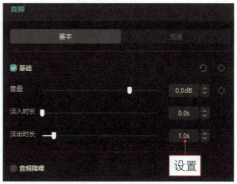

图 9-35　设置"淡出时长"参数

179

第 10 章

影视特效师向导：制作酷炫特效画面

10.1　制作基础视频特效

在影视剧和短视频中，特效的使用频率非常高。在剪映中，用户可以制作出各种炫酷的视频特效，打造精彩的爆款短视频。本节主要介绍制作召唤闪电、偷走影子及控制雨水3个基础特效的操作方法。

10.1.1　制作召唤闪电特效

扫码看案例效果　　扫码看教学视频

【效果展示】：制作召唤闪电特效需要用到留白较多的天空背景视频，还可以给视频添加"闪电"特效，让画面更加震撼，效果如图10-1所示。

图 10-1　召唤闪电效果展示

下面介绍在剪映中制作召唤闪电特效的操作方法。

步骤01 把人物举手召唤的视频素材和闪电特效素材导入到"本地"选项卡中，单击人物素材右下角的"添加到轨道"按钮 ，如图10-2所示，把素材添加到视频轨道中。

步骤02 ❶拖曳时间指示器至视频00:00:01:13人物握拳的位置；❷把闪电素材拖曳至画中画轨道中；❸调整闪电素材的时长，使其末端对齐人物素材的末尾位置，如图10-3所示。

步骤03 在"画面"操作区的"基础"选项卡中，❶设置"混合模式"为"滤色"；❷在预览窗口中调整闪电的大小和位置，使其处于人物手上的位置，如图10-4所示。

图 10-2　单击"添加到轨道"按钮（1）

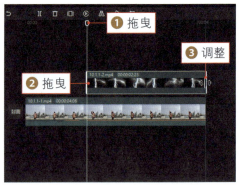

图 10-3　调整闪电素材的时长

图 10-4　调整闪电的大小和位置

步骤 04 ❶切换至"蒙版"选项卡；❷选择"线性"蒙版；❸调整蒙版线的位置；❹拖曳⌃按钮，微微羽化边缘，如图10-5所示，使闪电素材与背景画面之间的过渡更加自然。

步骤 05 ❶单击"特效"按钮；❷切换至"自然"选项卡；❸单击"闪电"特效中的"添加到轨道"按钮➕，如图10-6所示，添加"闪电"特效。

步骤 06 调整"闪电"特效的时长，使其末端对齐视频的末尾位置，如图10-7所示。执行操作后，即可完成召唤闪电特效的制作。

图 10-5　拖曳相应的按钮

图 10-6　单击"添加到轨道"按钮（2）

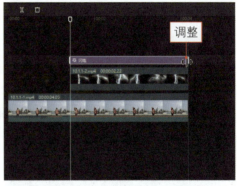

图 10-7　调整"闪电"特效的时长

10.1.2　制作偷走影子特效

【效果展示】：利用"蒙版"功能可以制作出偷走影子的视频。可以看到瓶子中的花没有被拿走，但是花的影子却被一只手影拿走了，效果如图10-8所示。

扫码看案例效果　扫码看教学视频

图 10-8　偷走影子效果展示

下面介绍在剪映中制作偷走影子特效的操作方法。

步骤01 在视频轨道中添加一个视频素材，单击"定格"按钮 ，如图 10-9 所示。

步骤02 生成定格片段后，❶将视频素材拖曳至画中画轨道中；❷调整定格片段的时长与视频的时长一致，如图10-10所示。执行操作后，选择画中画轨道中的视频素材。

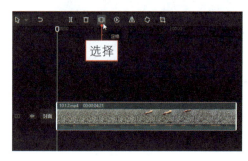
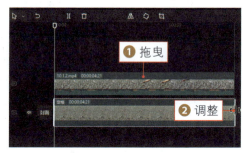

图 10-9　单击"定格"按钮　　　　　　图 10-10　调整定格片段的时长

步骤03 在"画面"操作区的"蒙版"选项卡中，选择"矩形"蒙版，如图10-11所示。

步骤04 在预览窗口中，调整蒙版的大小和羽化程度，效果如图10-12所示。执行操作后，即可完成偷走影子特效的制作。

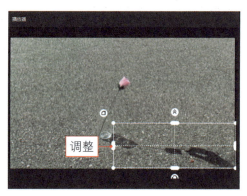

图 10-11　选择"矩形"蒙版　　　　　图 10-12　调整蒙版的大小和羽化程度

10.1.3　制作控制雨水特效

【效果展示】：在制作控制雨水特效时，要更多地注重运镜方向和人物姿势，只有配合得好才能制作出理想的效果，如图10-13所示。

扫码看案例效果　　扫码看教学视频

图 10-13　控制雨水效果展示

下面介绍在剪映中制作控制雨水特效的操作方法。

步骤 **01** 把人物举手的视频素材和下雨素材导入到"本地"选项卡中，单击人物素材右下角的"添加到轨道"按钮 ，如图10-14所示，把素材添加到视频轨道中。

步骤 **02** ❶拖曳下雨素材至画中画轨道中；❷调整人物素材的时长与下雨素材的时长对齐，如图10-15所示。

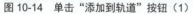

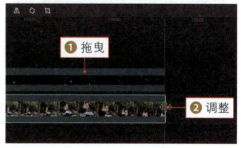

图 10-14　单击"添加到轨道"按钮（1）　　　　　图 10-15　调整人物素材的时长

步骤 **03** 选择下雨素材，在"画面"操作区的"基础"选项卡中，❶设置"混合模式"为"滤色"；❷在预览窗口中调整下雨素材的大小，使其覆盖画面，如图10-16所示。

步骤 **04** 在"特效"功能区的"自然"选项卡中，单击"下雨"特效右下角的"添加到轨道"按钮 ，如图10-17所示，添加下雨特效。

步骤 **05** 调整"下雨"特效的时长，使其与视频素材的时长对齐，如图10-18所示。

图 10-16　调整下雨素材的大小

图 10-17　单击"添加到轨道"按钮（2）

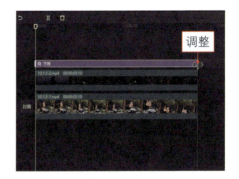

图 10-18　调整"下雨"特效的时长

步骤 06 在"音频"操作区的"音乐素材"|"卡点"选项卡中，单击所选音乐右下角的"添加到轨道"按钮，如图10-19所示，添加背景音乐。

步骤 07 调整音乐的时长，使其与视频素材的时长对齐，如图10-20所示。执行上述操作后，即可完成控制雨水特效的制作。

图 10-19　单击"添加到轨道"按钮（3）

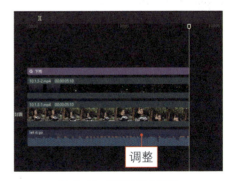

图 10-20　调整音乐的时长

10.2　制作影视同款特效

前面介绍了一些基础的视频特效，本节将向大家介绍几个影视剧中的同款特效，例如神话片中的腾云飞行特效、武侠片中的凌波微步特效及科幻片中的变身蜘蛛侠特效等。这些特效都有一个共同的作用，即借助特效展示出主角的厉害和威武，实现各种场景效果。

10.2.1　制作腾云飞行特效

【效果展示】：在神话片中，飞行特效既有人物直接飞行的，也有借助外力飞行的，包括云朵、动物、武器、飞毯及飞舟等，如《西游记》中孙悟空的飞行工具就是筋斗云。在剪映中制作腾云飞行特效主要是运用抠图和关键帧来合成特效，如图10-21所示。

扫码看案例效果　扫码看教学视频

图 10-21　腾云飞行效果展示

下面介绍在剪映中制作腾云飞行特效的操作方法。

步骤01　把天空背景视频素材、人物假装飞行的视频素材和云朵素材导入到"本地"选项卡中，单击天空特效素材右下角的"添加到轨道"按钮➕，如图10-22所示，把素材添加到视频轨道中。

步骤02　拖曳人物素材至画中画轨道中并调整其时长，如图10-23所示。

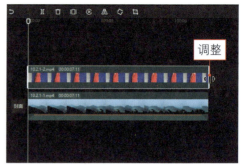

图 10-22　单击"添加到轨道"按钮（1）　　　　图 10-23　调整人物素材的时长

步骤03 在"画面"操作区的"抠像"选项卡中，选择"智能抠像"复选框，抠出人像，如图10-24所示。

步骤04 把云朵素材拖曳至第2条画中画轨道中，在"画面"操作区的"基础"选项卡中，设置"混合模式"为"滤色"，如图10-25所示。

图 10-24　选择"智能抠像"复选框　　　　图 10-25　设置"滤色"模式

步骤05 在视频起始位置，❶调整人物素材的大小和位置；❷在"画面"操作区的"基础"选项卡中，点亮"位置"和"缩放"右侧的关键帧◆；❸用同样的方法给云朵素材添加同样的关键帧并调整其大小和位置，使其处于人物脚下的位置，生成第1组关键帧，如图10-26所示。

步骤06 拖曳时间指示器至视频00:00:01:00位置，调整人物素材和云朵素材的大小和位置，如图10-27所示。在"画面"操作区的"基础"选项卡中，"位置"和"缩放"右侧会自动点亮关键帧◆，生成第2组关键帧。

步骤07 拖曳时间指示器至视频00:00:04:00位置，在"画面"操作区的"基础"选项卡中，点亮人物素材和云朵素材"位置"和"缩放"的关键帧◆，生成第3组关键帧，如图10-28所示。

图 10-26 调整素材的大小和位置

图 10-27 调整人物和云朵的大小和位置

图 10-28 生成第 3 组关键帧

步骤08 拖曳时间指示器至视频 00:00:06:15 位置，再次调整人物素材和云朵素材的大小和位置，如图 10-29 所示。在"画面"操作区的"基础"选项卡中，"位置"和"缩放"右侧会自动点亮关键帧◆，生成第 4 组关键帧，使人物越向前飞行，就会变得越小，呈现出越飞越远的视觉感，完成腾云飞行特效的制作。

图 10-29　再次调整人物和云朵的大小和位置

10.2.2　制作凌波微步特效

【效果展示】：凌波微步特效是《天龙八部》中段誉的核心武功，制作该特效时需要用多段视频素材来合成，通过降低不透明度，制作出人物虚影的效果，展示出武功虚无缥缈的效果，如图10-30所示。

扫码看案例效果　扫码看教学视频

图 10-30　凌波微步效果展示

下面介绍在剪映中制作凌波微步特效的操作方法。

步骤01 把人物在空地上跑步的视频素材和背景音乐导入到"本地"选项卡中，单击人物素材右下角的"添加到轨道"按钮▣，如图10-31所示，把素材添加到视频轨道中。

步骤02 在"变速"操作区的"常规变速"选项卡中，设置"倍数"参数为2.4x，让人物跑步的速度加快一下，如图10-32所示。

图 10-31 单击"添加到轨道"按钮（1） 图 10-32 设置"倍数"参数

步骤03 ❶拖曳滑块，放大时间线面板至最大；❷拖曳时间指示器至视频2f的位置；❸复制视频并粘贴至第1条画中画轨道中，如图10-33所示。

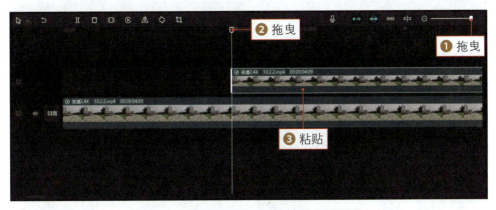

图 10-33 复制视频并粘贴至第 1 条画中画轨道中

步骤04 选择画中画轨道中的视频，在"画面"操作区的"基础"选项卡中，设置"不透明度"参数为50%，如图10-34所示。

步骤05 复制画中画轨道中的视频，采用与上同样的方法，在4f和6f位置粘贴视频，如图10-35所示。

图 10-34　设置"不透明度"参数为 50%

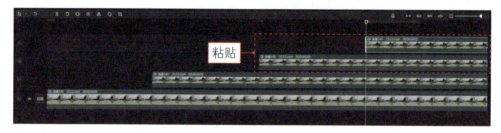

图 10-35　在 4f 和 6f 位置复制并粘贴视频

步骤 06 拖曳时间指示器至视频00:00:04:09位置，如图10-36所示。

步骤 07 在"特效"功能区的"动感"选项卡中，单击"迷离"特效右下角的"添加到轨道"按钮，如图10-37所示，为结尾画面添加特效。

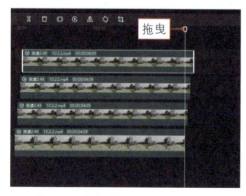

图 10-36　拖曳时间指示器至相应的位置

图 10-37　单击"添加到轨道"按钮（2）

步骤08 调整"迷离"特效的时长，使其与视频素材的末尾位置对齐，如图10-38所示。

步骤09 执行上述操作后，在音频轨道中添加一段背景音乐，完成凌波微步特效的制作，如图10-39所示。

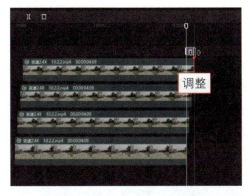

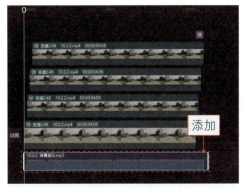

图 10-38　调整"迷离"特效的时长　　　　　　　图 10-39　添加背景音乐

10.2.3　制作变身蜘蛛侠特效

【效果展示】：变身蜘蛛侠特效是利用蜘蛛侠落地的姿势，让人物在跳跃和落地的过程中变身为蜘蛛侠，效果如图10-40所示。

扫码看案例效果　扫码看教学视频

图 10-40　变身蜘蛛侠效果展示

下面介绍在剪映中制作变身蜘蛛侠特效的操作方法。

步骤01 把拍摄的人物跳跃落地的视频素材、蜘蛛侠落地的视频素材及背景音乐导入到"本地"选项卡中，单击人物视频素材右下角的"添加到轨道"按钮 ，如图10-41所示，把素材添加到视频轨道中。

步骤02 ❶拖曳蜘蛛侠落地素材至人物跳跃落地素材的后面；❷拖曳时间指示器至视频00:00:01:06人物跳跃要落地的位置；❸单击"分割"按钮▐❙，如图10-42所示，分割视频。

图 10-41　单击"添加到轨道"按钮（1）　　　图 10-42　单击"分割"按钮（1）

步骤03 选择分割的后半段视频，单击"删除"按钮🗑，如图10-43所示，将后半段视频删除。

步骤04 ❶选择人物视频素材；❷拖曳时间指示器至视频00:00:00:17人物跳跃至空中的位置；❸单击"分割"按钮▐❙，如图10-44所示，分割视频。

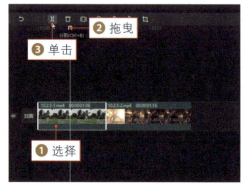

图 10-43　单击"删除"按钮　　　　　　　图 10-44　单击"分割"按钮（2）

步骤05 选择再次分割的后半段视频，在"变速"操作区的"常规变速"选项卡中，设置"倍数"参数为0.7x，如图10-45所示，放慢人物的动作。

步骤 06 拖曳时间指示器至第2段视频与第3段视频之间的位置，如图10-46所示。

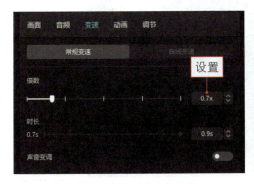

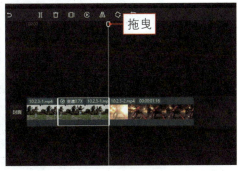

图 10-45　设置"倍数"参数　　　　　图 10-46　拖曳时间指示器至相应的位置

步骤 07 在"转场"功能区的"基础转场"选项卡中，单击"渐变擦除"转场右下角的"添加到轨道"按钮，如图10-47所示，添加转场。

步骤 08 在"转场"操作区中，设置转场的"时长"为0.3s，如图10-48所示。

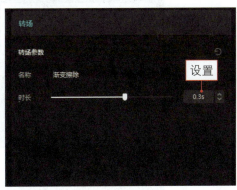

图 10-47　单击"添加到轨道"按钮（2）　　图 10-48　设置转场"时长"参数

步骤 09 选择第2段人物素材，在"画面"操作区的"基础"选项卡中，❶设置"缩放"参数为130%；❷设置"位置"X参数为32、Y参数为-324，放大人物素材并调整人物的位置，如图10-49所示。

步骤 10 拖曳时间指示器至视频00:00:01:05人物跳跃至空中的位置，单击"位置"右侧的◆按钮，添加关键帧◆，如图10-50所示。

步骤 11 拖曳时间指示器至视频00:00:01:08人物落地的位置，在"画面"操作区的"基础"选项卡中，设置"位置"X参数为99、Y参数为124，如图10-51所示，调整人物素材的位置，露出人物落地时的位置，"位置"右侧会自动添加关键帧◆。

图 10-49　设置"位置"参数（1）

图 10-50　添加关键帧

图 10-51　设置"位置"参数（2）

步骤12 拖曳时间指示器至视频素材的起始位置，❶单击"特效"按钮；❷切换至"基础"选项卡；❸单击"变清晰"特效右下角的"添加到轨道"按钮➕，如图10-52所示，添加"变清晰"特效。

步骤13 调整"变清晰"特效的时长，使其与第1段视频的时长对齐，如图10-53所示。

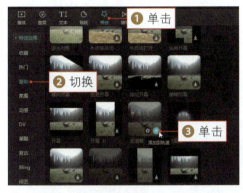

图10-52 单击"添加到轨道"按钮（3）

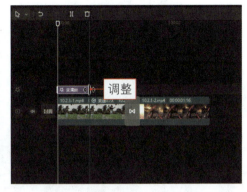

图10-53 调整"变清晰"特效的时长

步骤14 将背景音乐添加到音频轨道中，完成变身蜘蛛侠特效的制作，如图10-54所示。

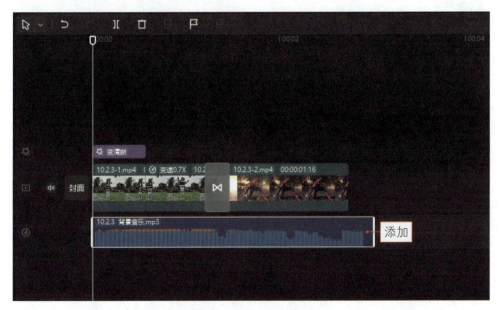

图10-54 添加背景音乐

第 11 章

相册大咖秘籍：把照片变成动态视频

11.1　基础相册制作要点

在剪映中，用一张张照片就能制作出多种火爆的动态相册视频，其制作要点是借助剪映的特效、蒙版、贴纸及动画等功能，使照片变成动态相册，产生更强的冲击力。本节将向大家介绍的光影交错视频、照片投影视频及缩放相框视频等相册的制作方法。

11.1.1　制作光影交错视频

【效果展示】：抖音中很火的光影交错短视频，在剪映中只需要用1张照片、几个"光影"特效，再配合音乐踩点即可制作出来，效果如图11-1所示。

扫码看案例效果　扫码看教学视频

图 11-1　光影交错视频效果展示

下面介绍在剪映中制作光影交错视频的操作方法。

步骤01 在剪映中导入一张照片和一段背景音乐，并将其分别添加到视频轨道和音频轨道中，如图11-2所示。

步骤02 调整照片素材的时长与背景音乐的时长一致，如图11-3所示。

步骤03 选择背景音乐，❶拖曳时间指示器至音乐鼓点的位置；❷单击"手动踩点"按钮，如图11-4所示。

步骤04 在音频素材上添加多个节拍点，如图11-5所示。

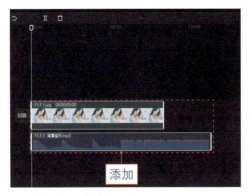

图 11-2　添加素材文件

图 11-3　调整素材的时长

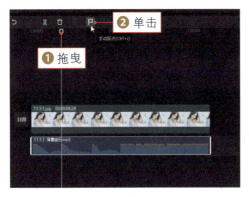

图 11-4　单击"手动踩点"按钮

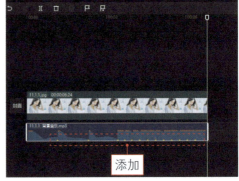

图 11-5　添加多个节拍点

步骤05 ❶切换至"特效"功能区；❷在"光影"选项卡中单击"树影Ⅱ"特效中的"添加到轨道"按钮➕，如图11-6所示。

步骤06 执行操作后，即可添加一个"树影Ⅱ"特效，拖曳特效右侧的白色拉杆，将其时长与第1个节拍点对齐，如图11-7所示。

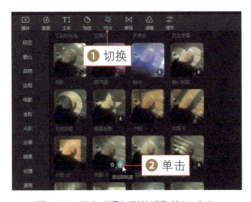

图 11-6　单击"添加到轨道"按钮（1）

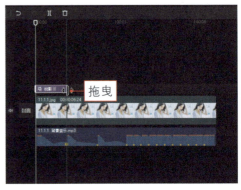

图 11-7　调整"树影Ⅱ"特效的时长

步骤07 将时间指示器拖曳至第1个节拍点的位置，❶切换至"特效"功能区；❷在"光影"选项卡中单击"暗夜彩虹"特效中的"添加到轨道"按钮 ，如图11-8所示。

步骤08 执行操作后，即可添加一个"暗夜彩虹"特效，拖曳特效右侧的白色拉杆，将其时长与第2个节拍点对齐，如图11-9所示。

图11-8 单击"添加到轨道"按钮（2）

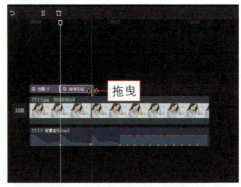

图11-9 调整"暗夜彩虹"特效的时长

步骤09 采用与上同样的方法，在各个节拍点的位置添加相应的光影特效，如图11-10所示。至此，完成光影交错视频的制作。

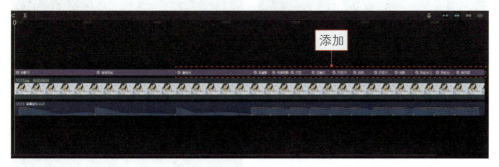

图11-10 添加多个光影特效

11.1.2 制作照片投影视频

【效果展示】：利用"智能抠像"功能将照片中的人像抠出来，可以让人像不被另一张照片遮挡，从而制作出一种投影放映的效果，画面十分唯美，效果如图11-11所示。

扫码看案例效果　扫码看教学视频

图 11-11　照片投影视频效果展示

下面介绍在剪映中制作照片投影视频的操作方法。

步骤01 在剪映中导入两张照片和一段背景音乐，如图11-12所示。

步骤02 ❶ 将第 1 张照片添加到视频轨道中；❷ 拖曳时间指示器至 00:00:02:00 位置；❸ 单击"分割"按钮Ⅱ，如图 11-13 所示，将素材分割为两段。

图 11-12　导入相应素材

图 11-13　单击"分割"按钮

步骤03 在画中画轨道中，添加第 2 张照片，并调整照片的时长，如图 11-14 所示。

步骤04 在"画面"操作区的"基础"选项卡中，❶ 设置"不透明度"参数为 80%；❷ 在预览窗口中调整照片的位置和大小，如图 11-15 所示。

步骤05 在"画面"操作区的"蒙版"选项卡中，❶ 选择"线性"蒙版；❷ 在预览窗口中调整蒙版的位置和羽化程度，使照片的边缘线虚化，如图 11-16 所示。

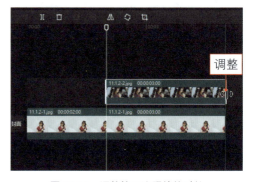

图 11-14　调整第 2 张照片的时长

图 11-15　调整照片的位置和大小

图 11-16　调整蒙版的位置和羽化程度

步骤 06 复制视频轨道中的后半段照片素材片段，并粘贴在第2条画中画轨道中，如图11-17所示。

步骤 07 在"画面"操作区的"抠像"选项卡中，选择"智能抠像"复选框，抠出人像，如图11-18所示。

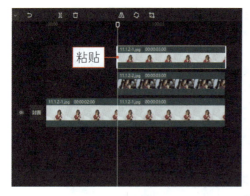

图 11-17　复制并粘贴照片素材

图 11-18　选择"智能抠像"复选框

步骤 08 将时间指示器拖曳至开始位置，在"特效"功能区的"基础"选项卡中，单击"变清晰"特效中的"添加到轨道"按钮 ⊕，如图11-19所示。

步骤 09 执行操作后，即可添加"变清晰"特效，调整该特效的时长，如图11-20所示。

图 11-19　单击"添加到轨道"按钮（1）

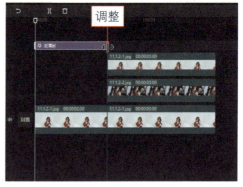

图 11-20　调整"变清晰"特效的时长

步骤 10 将时间指示器拖曳至"变清晰"特效的后面，在"特效"功能区的"氛围"选项卡中，单击"梦蝶"特效中的"添加到轨道"按钮 ⊕，如图11-21所示。

步骤 11 执行操作后，即可添加"梦蝶"特效，如图11-22所示。

步骤 12 将时间指示器拖曳至"变清晰"特效的后面，在"贴纸"功能区的"清新手写字"选项卡中，单击所选贴纸中的"添加到轨道"按钮 ⊕，如图11-23所示。

步骤 13 执行操作后，即可添加一个文字动画贴纸，在预览窗口中调整贴纸的位置和大小，如图11-24所示。

图 11-21　单击"添加到轨道"按钮（2）

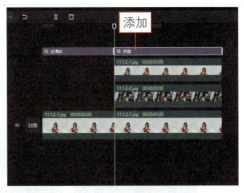

图 11-22　添加"梦蝶"特效

图 11-23　单击"添加到轨道"按钮（3）

图 11-24　调整贴纸的位置和大小

步骤 14 将背景音乐添加到音频轨道中，完成照片投影视频的制作，如图11-25 所示。

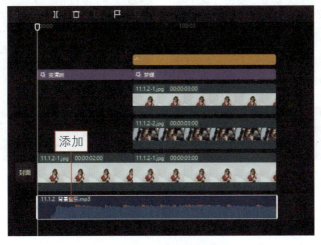

图 11-25　添加背景音乐

11.1.3　制作缩放相框视频

扫码看案例效果　扫码看教学视频

【效果展示】：缩放相框效果只需要一张照片，即可在剪映中使用蒙版和缩放动画制作出来，画面看上去就像有许多扇门一样，给人一种神奇的视觉感受，效果如图11-26所示。

图 11-26　缩放相框视频效果展示

下面介绍在剪映中制作缩放相框视频的操作方法。

步骤01 在剪映中导入一张照片素材和一段背景音乐，如图11-27所示。

步骤02 将照片素材添加到视频轨道中，并调整时长为3秒，如图11-28所示。

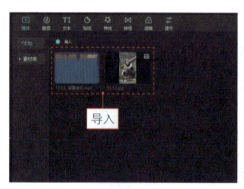 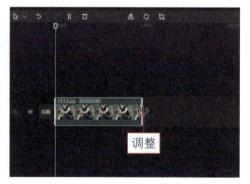

图 11-27　导入照片素材和背景音乐素材　　　图 11-28　调整照片时长

步骤03 选择视频轨道中的素材，在"画面"操作区的"蒙版"选项卡中，❶选择"矩形"蒙版；❷单击"反转"按钮，如图11-29所示。

步骤04 在预览窗口中调整蒙版的大小和位置，如图11-30所示。

图 11-29　单击"反转"按钮（1）

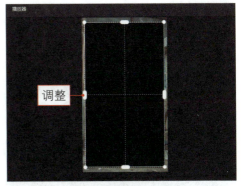

图 11-30　调整蒙版的大小和位置

步骤 05 选择视频轨道中的第1个素材，按【Ctrl+C】组合键和【Ctrl+V】组合键，进行两次复制和粘贴，❶一个粘贴在视频轨道第1个素材的后面；❷另一个粘贴在画中画轨道的开始位置，如图11-31所示。

步骤 06 选择画中画轨道中的素材，在预览窗口中调整其大小和位置，如图11-32所示。

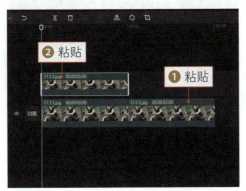

图 11-31　复制并粘贴两个素材

图 11-32　调整画中画素材的大小和位置

步骤 07 选择第1条画中画轨道中的第1个素材，按【Ctrl+C】组合键和【Ctrl+V】组合键，进行两次复制和粘贴，❶一个粘贴在第1条画中画轨道中第1个素材的后面；❷一个粘贴在第2条画中画轨道的开始位置，如图11-33所示。

步骤 08 执行操作后，在预览窗口中，调整第2条画中画轨道中素材的大小和位置，如图11-34所示。

步骤 09 采用与上同样的操作方法，❶继续复制并粘贴素材，增加3条画中画轨道，增加的画中画轨道越多，制作出来的效果更好；❷选择第5条画中画轨道中的第1个素材，如图11-35所示。

步骤 10 在预览窗口中调整第5条画中画轨道中素材的大小和位置，如图11-36所示。

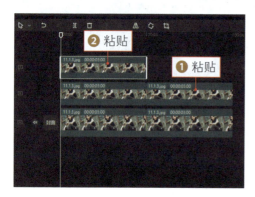

图 11-33　复制并粘贴画中画轨道中的素材

图 11-34　调整第 2 条画中画素材的大小与位置

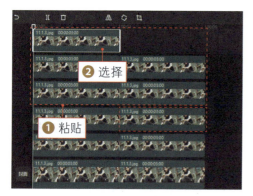

图 11-35　选择第 5 条画中画轨道中的素材

图 11-36　调整第 5 条画中画素材的大小与位置

步骤 11 在"画面"操作区的"蒙版"选项卡中，单击"反转"按钮，如图11-37所示，将蒙版反转，显示照片画面。

步骤 12 在预览窗口中，可以查看蒙版反转效果，如图11-38所示。

图 11-37　单击"反转"按钮（2）

图 11-38　查看蒙版反转效果

步骤13 执行上述操作后，❶复制第5条画中画轨道的第1个素材；❷并将其粘贴至素材后面，如图11-39所示。

步骤14 选择视频轨道中的第1个素材，在"动画"操作区的"入场"选项卡中，❶选择"放大"动画；❷设置"动画时长"参数为0.5s，如图11-40所示。

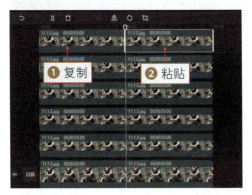

图11-39　复制并粘贴第5条画中画轨道中的素材　　　图11-40　设置"动画时长"参数（1）

步骤15 采用与上同样的方法，依次为5条画中画轨道中的第1个素材添加"放大"入场动画，设置"动画时长"的参数逐层叠加0.5s，第5条画中画轨道中第1个素材的"动画时长"参数为最长，如图11-41所示。

步骤16 选择视频轨道中的第2个素材，在"动画"操作区的"出场"选项卡中，❶选择"缩小"动画；❷设置"动画时长"参数为0.5s，如图11-42所示。

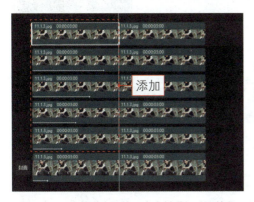

图11-41　为轨道中的第1个素材添加动画效果　　　图11-42　设置"动画时长"参数（2）

步骤17 采用与上同样的方法，依次为5条画中画轨道中的第2个素材添加"缩小"出场动画，并设置"动画时长"的参数逐层叠加0.5s，第5条画中画轨道中第2个素材的"动画时长"参数为最长，如图11-43所示。

步骤18 在音频轨道中添加背景音乐，如图11-44所示。在预览窗口中播放视频，即可查看制作的视频效果。

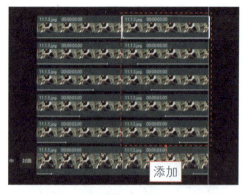

图 11-43　为轨道中的第 2 个素材添加动画效果

图 11-44　添加背景音乐

11.2　高级相册制作大全

　　高级相册的制作方法是使用多张照片，配合背景音乐的节奏，为照片添加动画效果和特效，使照片从静态变为动态。因此，在剪映中制作高级相册，需要用户能够熟练掌握添加动画的相关操作，提高创作能力。

11.2.1　制作儿童相册视频

　　【效果展示】：使用剪映中的"向下甩入"入场动画、"缩放"组合动画、"边框"特效及"贴纸"功能等，可以将儿童照片制作成动态相册，效果如图11-45所示。

扫码看案例效果

扫码看教学视频

图 11-45　儿童相册视频效果展示

下面介绍在剪映中制作儿童相册视频的操作方法。

步骤 01 在剪映中导入5张照片和一段背景音乐，并将其分别添加到视频轨道和音频轨道中，如图11-46所示。

步骤 02 根据音乐的节奏，拖曳照片右侧的白色拉杆，调整照片的时长分别为00:00:01:08、00:00:01:04、00:00:01:23、00:00:01:25及00:00:01:15，如图11-47所示

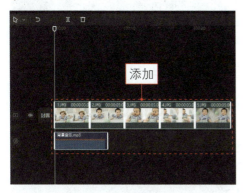

图 11-46　添加素材文件

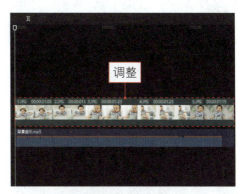

图 11-47　调整素材时长

步骤 03 在"播放器"面板中，设置画布比例为9∶16，如图11-48所示。

步骤 04 ❶切换至"画面"操作区的"背景"选项卡中；❷单击"背景填充"下拉按钮；❸在打开的下拉列表框中选择"模糊"选项，如图11-49所示。

图 11-48　设置画布比例

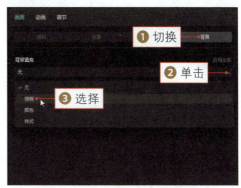

图 11-49　选择"模糊"选项

步骤 05 在"模糊"选项组中，❶选择第3个模糊样式；❷单击"应用全部"按钮，如图11-50所示。

步骤 06 在"特效"功能区的"边框"选项卡中，单击"小动物"特效中的"添加到轨道"按钮，如图11-51所示。

图 11-50　单击"应用全部"按钮

图 11-51　单击"添加到轨道"按钮（1）

步骤 07 执行操作后，即可添加一个"小动物"特效，通过拖曳白色拉杆调整特效时长，如图11-52所示。

步骤 08 在"贴纸"功能区的"萌娃"选项卡中，选择一个文字动画贴纸并单击"添加到轨道"按钮，如图11-53所示。

图 11-52　调整特效时长

图 11-53　单击"添加到轨道"按钮（2）

步骤 09 执行操作后，即可添加一个文字动画贴纸，通过拖曳白色拉杆的方式调整贴纸的时长，如图11-54所示。

步骤 10 在预览窗口中，调整贴纸的位置，如图11-55所示。

步骤 11 选择第1个素材，在"动画"操作区的"入场"选项卡中，❶选择"向下甩入"动画；❷设置"动画时长"参数为1.3s，如图11-56所示。

步骤 12 选择视频轨道中的第2个素材，在"动画"操作区的"组合"选项卡中，选择"缩放"动画，如图11-57所示。执行操作后，用同样的方法，为剩下的素材添加"缩放"组合动画，完成儿童相册视频的制作。

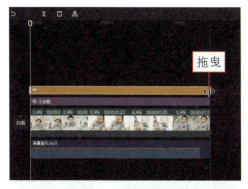

图 11-54 调整贴纸的时长

图 11-55 调整贴纸的位置

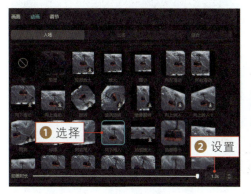

图 11-56 设置"动画时长"参数

图 11-57 选择"缩放"动画

11.2.2 制作婚纱留影视频

【效果展示】：使用剪映的"滤色"混合模式，并添加"悠悠球"动画和"碎块滑动Ⅱ"动画，以及各种氛围特效等，可以将两张照片制作成浪漫温馨的婚纱留影动态相册，效果如图11-58所示。

扫码看案例效果　扫码看教学视频

图 11-58 婚纱留影视频效果展示

下面介绍在剪映中制作婚纱留影视频的操作方法。

步骤 01 在剪映中导入背景音乐、两张照片素材和一个视频素材，如图11-59所示。

步骤 02 将两张照片素材添加到视频轨道中，并调整照片素材的时长分别为00:00:03:00和00:00:03:10，如图11-60所示。

图 11-59　导入相应素材　　　　　　图 11-60　添加照片素材并调整时长

步骤 03 将视频素材添加到画中画轨道中的结尾处，如图11-61所示。

步骤 04 选择画中画轨道中的视频素材，在"画面"操作区的"基础"选项卡中，设置"混合模式"为"滤色"模式，如图11-62所示。

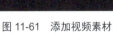

图 11-61　添加视频素材　　　　　　图 11-62　设置"滤色"模式

步骤 05 在视频轨道中选择第1张照片，在"动画"操作区的"组合"选项卡中，选择"悠悠球"动画，如图11-63所示。

步骤 06 在视频轨道中选择第2张照片，在"动画"操作区的"组合"选项卡中，选择"碎块滑动Ⅱ"动画，如图11-64所示。

图 11-63　选择"悠悠球"动画

图 11-64　选择"碎块滑动Ⅱ"动画

步骤 07 在"特效"功能区的"金粉"选项卡中，单击"飘落闪粉"特效中的"添加到轨道"按钮➕，如图11-65所示，为第1张照片添加特效。

步骤 08 在"特效"功能区的"爱心"选项卡中，单击"爱心泡泡"特效中的"添加到轨道"按钮➕，如图11-66所示，为第2张照片添加特效，然后添加背景音乐。

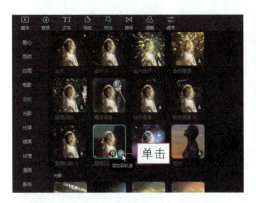

图 11-65　单击"添加到轨道"按钮（1）

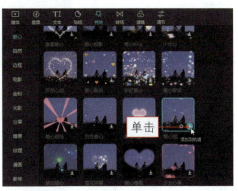

图 11-66　单击"添加到轨道"按钮（2）

11.2.3　制作动态写真视频

【效果展示】：在剪映中，应用踩点功能为背景音乐添加节拍点，再根据节拍点调整写真照片的时长，并为写真照片添加画布背景、动画和特效，能够制作出动态写真视频，效果如图11-67所示。

扫码看案例效果　扫码看教学视频

215

图 11-67　动态写真视频效果展示

下面介绍在剪映中制作动态写真视频的操作方法。

步骤 **01** 在剪映"音频"功能区的"音乐素材"|"收藏"选项卡中，单击所选音乐中的"添加到轨道"按钮 ，如图11-68所示。

步骤 **02** 执行操作后，即可在音频轨道上添加一段背景音乐，如图11-69所示。

图 11-68 单击"添加到轨道"按钮（1）

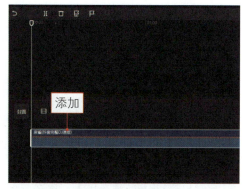

图 11-69 添加背景音乐

步骤 03 ❶拖曳时间指示器至00:00:11:03位置；❷单击"分割"按钮Ⅱ，如图11-70所示。将音乐分割后，删除分割的后半段音乐。

步骤 04 在"音频"操作区中，设置"淡出时长"参数为0.2s，如图11-71所示。

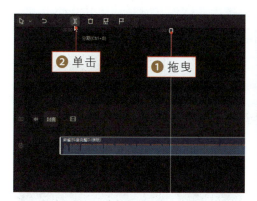

图 11-70 单击"分割"按钮

图 11-71 设置"淡出时长"参数

步骤 05 参考前文介绍过的踩点操作，❶使用"手动踩点"功能；❷根据音乐的节奏鼓点添加节拍点，效果如图11-72所示。

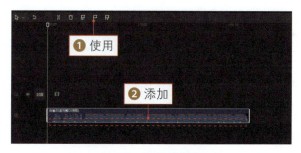

图 11-72 添加节拍点

217

步骤 06 在"媒体"功能区中，导入14张写真照片，如图11-73所示。

步骤 07 将第1张照片添加到视频轨道中并调整其时长，使其结束位置对齐第5个节拍点，如图11-74所示。

图 11-73　导入写真照片

图 11-74　调整第 1 张照片的时长

步骤 08 在预览窗口中，❶设置画布比例为9∶16；❷调整照片的大小和位置，使其缩小位于屏幕的左上角，如图11-75所示。

步骤 09 将第2张照片拖曳至画中画轨道中并调整其时长，使其开始位置对齐第2个节拍点，结束位置对齐第5个节拍点，如图11-76所示。

图 11-75　调整第 1 张照片的大小和位置

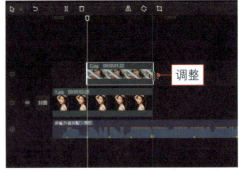

图 11-76　添加第 2 张照片并调整时长

步骤 10 在预览窗口中，调整第2张照片的位置和大小，使其叠放在第1张照片上，效果如图11-77所示。

步骤 11 将第3张照片拖曳至画中画轨道中并调整其时长，使其开始位置对齐第3个节拍点，结束位置对齐第5个节拍点，如图11-78所示。

步骤 12 在预览窗口中，调整第3张照片的位置和大小，使其叠放在第2张照片上，效果如图11-79所示。

步骤 13 将第4张～第14张照片添加到视频轨道中，并调整时长对齐各个节拍点，效果如图11-80所示。

图 11-77　调整第 2 张照片的位置和大小

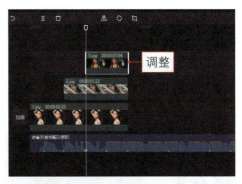

图 11-78　添加第 3 张照片并调整时长

图 11-79　调整第 3 张照片的位置和大小

图 11-80　添加剩下的照片并调整时长

步骤14 将时间指示器拖曳至开始位置，选择第1张照片，❶切换至"画面"操作区的"背景"选项卡；❷在"背景填充"下拉列表框中选择"样式"选项，如图11-81所示。

步骤15 在"样式"选项组中，❶选择一个合适的背景样式；❷单击"应用全部"按钮，将背景样式应用到全部片段上，如图11-82所示。

图 11-81　选择"样式"选项

图 11-82　单击"应用全部"按钮

步骤16 选择第1张照片，在"动画"操作区的"入场"选项卡中，❶选择

"向左下甩入"动画；❷设置"动画时长"参数为0.9s，如图11-83所示，使动画结束时间刚好位于第2个节拍点的位置处。

步骤17 选择第2张照片，在"动画"操作区的"入场"选项卡中，❶选择"向左下甩入"动画；❷设置"动画时长"参数为0.6s，如图11-84所示，使动画结束时间刚好位于第3个节拍点的位置处。

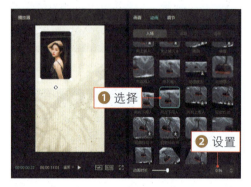

图 11-83　设置"动画时长"参数（1）　　图 11-84　设置"动画时长"参数（2）

步骤18 采用与上同样的方法，选择第3张照片，为其添加"向左下甩入"动画，如图11-85所示。

步骤19 选择第4张照片，在"动画"操作区的"组合"选项卡中，选择"夹心饼干Ⅱ"动画，如图11-86所示。采用与上同样的方法，在"组合"选项卡中，为第5张照片添加"叠叠乐"动画、为第6张照片添加"叠叠乐Ⅱ"动画、为第7张照片添加"旋转降落改"动画、为第8张照片添加"方片转动"动画、为第9张照片添加"荡秋千"动画、为第10张照片添加"荡秋千Ⅱ"动画、为第11张照片添加"旋转伸缩"动画、为第12张照片添加"百叶窗"动画、为第13张照片添加"向右下降"动画、为第14张照片添加"碎块滑动Ⅱ"动画。

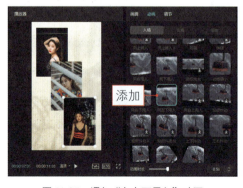

图 11-85　添加"向左下甩入"动画　　图 11-86　选择"夹心饼干Ⅱ"动画

步骤20 将时间指示器拖曳至第4张照片的开始位置，在"特效"功能区的"氛围"选项卡中，单击"星火炸开"特效中的"添加到轨道"按钮，如图11-87所示。

步骤21 执行操作后，即可为第4张照片添加"星火炸开"特效，调整特效时长与照片时长一致，如图11-88所示。

图 11-87　单击"添加到轨道"按钮（2）

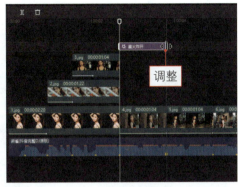

图 11-88　调整特效时长

步骤22 执行操作后，为其他照片也添加"星火炸开"特效，并调整特效时长与对应照片的时长一致，如图11-89所示。

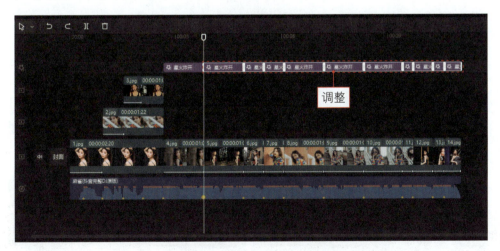

图 11-89　为其他照片添加"星火炸开"特效并调整特效时长

長沙火車站

第 12 章

视频剪辑后期进修：旅行风光后期制作全流程

12.1　效果欣赏

扫码看案例效果

要想制作一个完整的旅行风光短视频，即使是最简单的后期处理，其流程也包括了导入素材、剪辑时长、添加转场、制作片头、添加特效、添加字幕及添加音乐音效等。本章将通过一个完整的案例巩固前文所学的知识，帮助大家在使用剪映进行后期处理时，可以更加得心应手。本节先来预览视频效果，并了解视频制作的技术要点。

12.1.1　效果预览

【效果展示】：旅行风光后期视频主要讲述的内容是在各地旅行时所拍摄的风光美景，通过剪映对视频进行后期剪辑加工，效果如图12-1所示。

图 12-1　旅行风光后期视频效果展示

12.1.2　技术提炼

旅行风光后期制作全流程主要包括导入风景视频素材，并将视频和背景音乐添加到时间线面板的轨道中，根据需要剪辑视频时长；添加"开幕"特效和片头文本，制作华丽的开场片头；为视频添加转场并在转场对应位置添加转场音效，使视频切换过渡得更加自然；最后为视频添加景点特色文字，突出视频内容，待视频制作完成后，导出完整的视频即可。

12.2　后期制作全流程

扫码看教学视频

本节将介绍旅行风光视频后期制作的全流程，包括导入风景视频素材、制作华丽开场片头、制作切换过渡转场及制作景点特色文字等内容，大家可以一边学习、一边跟着实际操作练习。

12.2.1　导入风景视频素材文件

旅行风光视频的后期制作，首先需要导入风景视频素材和背景音乐，并将视频和素材添加到对应的轨道中，适当剪辑视频的时长。下面介绍具体的操作方法。

步骤01 在剪映中导入6个视频素材和一段背景音乐，如图12-2所示。

步骤02 将6个视频素材和背景音乐分别添加到视频轨道和音频轨道中，如图12-3所示。

图 12-2　导入素材文件

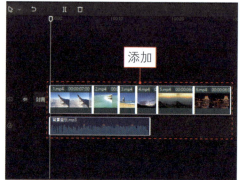

添加

图 12-3　添加素材文件

步骤03 拖曳视频素材右侧的白色拉杆，将视频时长均调为00:00:02:26，效果如图12-4所示。

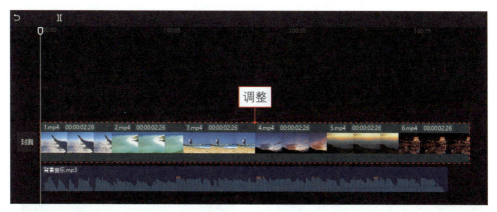

图 12-4 调整视频的时长

12.2.2 制作华丽开场片头效果

接下来使用剪映中的"文本"功能和"开幕"特效为视频制作一个开场片头，具体操作方法如下。

步骤01 在"文本"功能区中，单击"默认文本"中的"添加到轨道"按钮，如图12-5所示。

扫码看教学视频

步骤02 执行操作后，即可添加一个文本，调整文本的时长与第1个视频的时长一致，如图12-6所示。

图 12-5 单击"添加到轨道"按钮（1）

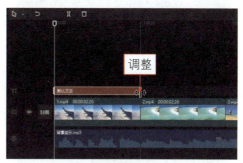

图 12-6 调整文本的时长

步骤03 在"文本"操作区的"基础"选项卡中，❶输入文本内容；❷设置一个合适的字体，如图12-7所示。

步骤04 在"排列"选项组中，❶设置"字间距"参数为5；❷在预览窗口中调整文本的大小，如图12-8所示。

步骤05 在"描边"选项组中，❶选择"描边"复选框；❷设置"颜色"为深青色；❸设置"粗细"参数为18，如图12-9所示。

225

步骤06 在"动画"操作区的"入场"选项卡中，❶选择"溶解"动画；❷设置"动画时长"参数为1.0s，如图12-10所示。

图 12-7　设置合适的字体

图 12-8　调整文本的大小

图 12-9　设置"粗细"参数

图 12-10　设置"动画时长"参数（1）

步骤07 在"动画"操作区的"出场"选项卡中，❶选择"向上溶解"动画；❷设置"动画时长"参数为1.0s，如图12-11所示。

步骤08 将时间指示器拖曳至开始位置，在"特效"功能区的"基础"选项卡中，单击"开幕"特效中的"添加到轨道"按钮➕，如图12-12所示。

图 12-11　设置"动画时长"参数（2）

图 12-12　单击"添加到轨道"按钮（2）

步骤 09 执行操作后，即可添加"开幕"特效，调整特效时长为2秒左右，效果如图12-13所示。

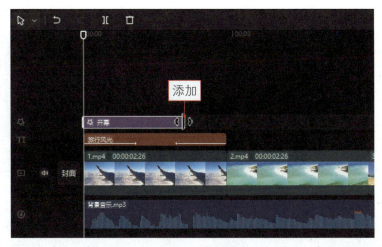

图 12-13　添加"开幕"特效并调整其时长

12.2.3　制作切换过渡转场效果

扫码看教学视频

在视频与视频之间添加转场，可以使画面切换过渡时更加自然、顺滑，下面介绍在剪映中为视频添加"运镜转场"效果的操作方法。

步骤 01 将时间指示器拖曳至第1个视频和第2个视频之间，在"转场"功能区的"运镜转场"选项卡中，单击"推近"中的"添加到轨道"按钮 ，如图12-14所示。

步骤 02 执行操作后，即可在两个视频之间添加一个转场，如图12-15所示。

图 12-14　单击"添加到轨道"按钮（1）

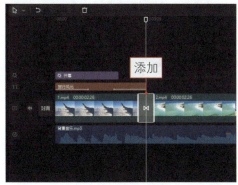

图 12-15　添加转场

227

步骤03 采用同样的方法，在"运镜转场"选项卡中，依次为视频添加"向左"转场、"向左下"转场、"逆时针旋转"转场及"向右"转场，效果如图12-16所示。

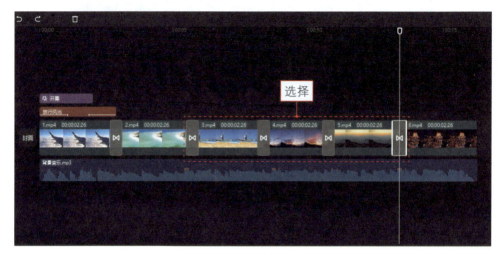

图 12-16　在视频之间再添加 4 个转场

步骤04 将时间指示器拖曳至第1个转场的开始位置，在"音频"功能区的"音效素材"|"转场"选项卡中，单击"'咻'3"转场音效中的"添加到轨道"按钮，如图12-17所示。

步骤05 执行操作后，即可在第1个转场的位置，添加一个转场音效，调整音效时长与转场时长一致，如图12-18所示。

图 12-17　单击"添加到轨道"按钮（2）

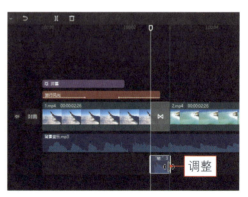

图 12-18　调整转场音效的时长

步骤06 复制转场音效，并在其他转场对应的位置粘贴，效果如图 12-19 所示。

图 12-19　复制并粘贴多个转场音效

12.2.4　制作景点特色文字效果

每个景点都有不同的特色风光，可以将景点的特色风光用文字表达出来，展示视频的拍摄地点和拍摄内容，下面介绍具体的操作方法。

扫码看教学视频

步骤01 ❶将时间指示器拖曳至第1个转场的结束位置；❷添加一个默认文本并调整文本的时长，使其位于两个转场之间，如图12-20所示。

步骤02 ❶在"文本"操作区中输入文本内容；❷选择相应的预设样式，如图12-21所示。

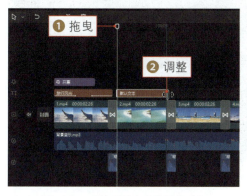

图 12-20　添加默认文本并调整时长

图 12-21　选择预设样式

步骤03 在预览窗口中，调整文本的大小和位置，如图12-22所示。

步骤04 在"动画"操作区的"入场"选项卡中，❶选择"向右集合"动画；❷并设置"动画时长"参数为1.0s，如图12-23所示。

图 12-22　调整文本的大小和位置

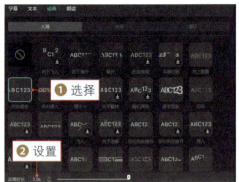

图 12-23　设置"动画时长"参数

步骤 05 执行操作后，复制所制作的文本，在其他视频上方粘贴，并修改文本内容，制作多个景点特色文字，效果如图12-24所示。执行上述操作后，即可完成旅行风光视频的后期制作，单击"导出"按钮，将视频导出即可。

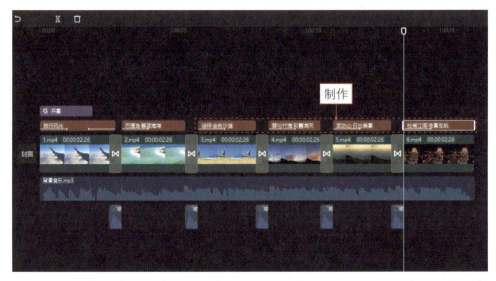

图 12-24　制作多个景点特色文字

第 13 章

电影解说大师进阶：制作电影解说视频

13.1 前期准备

快节奏的生活方式，促进了电影解说行业的兴起，使观众可以在几分钟或者十几分钟内看完一部两个小时以上的电影。在如今的短视频流量时代，电影解说市场并不饱和，可以说是朝阳产业，机会也特别多。在做电影解说视频之前，需要做一些前期准备，如获取电影素材、准备解说文案和解说配音等，有了这些前期准备，后期就能一步一步地制作出精美的电影解说视频。

13.1.1 获取电影素材

在获取电影素材前，电影解说风格一定要提前确定好，这样才能有的放矢。只有风格专一才能做得精、做出个人专属的特点，后续也能拓宽领域。确定电影解说风格其实也是账号定位的一个过程，如果不知道确定什么风格，可以从个人兴趣出发，喜欢看什么类型的电影就做什么样的风格，这样更容易上手。

确定解说风格之后，就可以选择一部合适的电影着手开始制作了，前期最好选择评分高、大众化、较热门的电影练手，因为这类电影是观众所熟悉的，后期就可以找一些冷门精品电影，逐渐开拓受众。

当然做电影解说视频首先不能避免的就是版权问题，由于近些年全社会的版权意识越来越强，因此为了避免侵权问题，自媒体方可以先向片方申请授权，当然在剪辑和解说中不能曲解电影原意和主题，也不能有过多的负面评价。再退一步，可以尽量减少电影中的重点画面来避免侵权问题。尤其要避免在影院上映和刚上映的影片，最好选择下线的电影，只要不进行负面评价，不过量剧透，不影响影视公司的商业利益，解说其电影对影视公司来说还是有一定的宣传作用的。

获取影视公司的授权后，就可以在正规视频平台上获取电影素材了。在视频平台上获取的电影素材可能会有一些水印，可以在微信小程序中去掉水印。比如"快斗工具箱"等小程序，在微信中搜索关键词就能找到。这类小程序的去水印功能非常强大，将作品链接复制进去就能一键去除水印。

有时视频平台中的视频格式无法在剪辑软件中导入，就需要后期转码，过程非常烦琐，所以还可以运用计算机或者手机录屏工具等进行录屏。比如计算机录屏工具有迅捷屏幕录像工具、Windows 10自带录屏工具和OBS录屏工具等；手机则一般都自带录屏功能，在设置中打开该功能即可。

如果水印实在无法去除，可以在剪映中运用贴纸功能，添加马赛克贴纸遮盖水印；还可以运用蒙版功能和添加模糊特效去除水印。

13.1.2　制作配音素材

扫码看教学视频

　　制作配音素材前，首先需要准备好解说文案。解说文案最重要的就是要做原创文案，只有原创才能做得更有特色、走得更远。当然，对于新人来说，一开始做电影解说时，可以模仿其他人的解说风格，但文案不能照抄，否则就会有侵权的可能。解说也属于二次创作，抄袭是做自媒体的大忌。一篇好的解说文案不仅仅只是简单地把电影内容说出来，而是要说清楚，更重要的是要把重点说清楚，毕竟电影解说视频一般只有几分钟。

　　写完电影解说文案后，用户可以自己配音制作，也可以将文案转换为智能语音，制作成音频素材。如果是自己配音，可以使用手机中的录音功能，或者使用专业的配音工具和软件进行配音。这里为大家介绍的是使用Adobe Audition 2022音频软件将文案生成智能语音的操作方法，具体操作方法如下。

　　步骤01 打开Adobe Audition 2022音频软件，在菜单栏中选择"效果"|"生成"|"语音"命令，如图13-1所示。

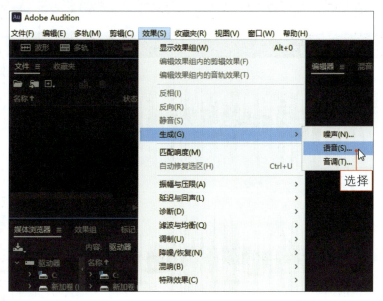

图 13-1　选择"语音"命令

　　步骤02 弹出"新建音频文件"对话框，输入文件名，如图13-2所示。

　　步骤03 单击"确定"按钮，弹出"效果-生成语音"对话框，❶在文本框中输入电影解说文案；❷设置"说话速率"参数为1，稍微加快一下语速，如图13-3所示。

图 13-2　输入文件名

图 13-3　设置"说话速率"参数

步骤04 单击"确定"按钮，即可生成语音音频，如图13-4所示。

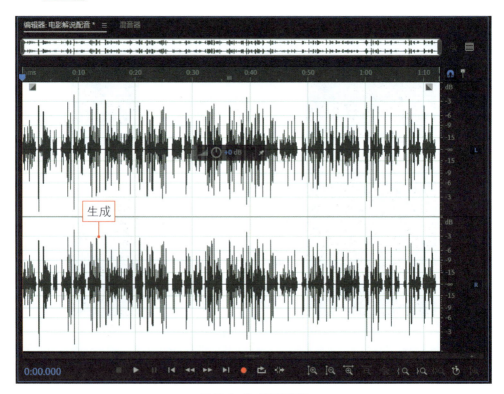

图 13-4　生成语音音频

步骤05 选择"文件"|"另存为"命令，如图13-5所示。

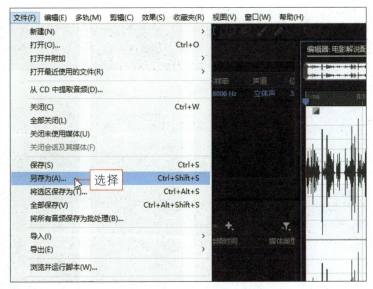

图 13-5 选择"另存为"命令

步骤 06 弹出"另存为"对话框，在其中设置文件名称、保存位置及输入格式，如图13-6所示。单击"确定"按钮后，即可完成配音素材的制作。

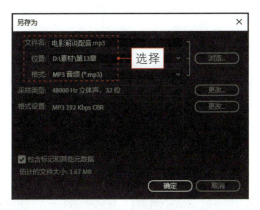

图 13-6 音频存储设置

13.2 解说实战制作流程

扫码看案例效果

【效果展示】：做好前期准备以后，就可以着手制作电影解说视频了。本节以电影《音乐之声》为例，介绍歌舞类剧情电影解说视频的后期制作方法，让大家在实战中进行学习。电影解说视频效果如图13-7所示。

图 13-7　电影解说视频效果展示

13.2.1　导入电影与配音

在剪映中制作电影解说视频，首先需要导入电影素材和配音音频素材，下面介绍具体的操作方法。

扫码看教学视频

步骤01 打开剪映，在"媒体"功能区中单击"导入"按钮，如图13-8所示。

步骤02 将电影素材和配音素材导入"本地"选项卡中，如图13-9所示。

图 13-8　单击"导入"按钮

图 13-9　导入电影素材和配音素材

步骤 03 将电影素材和配音素材分别添加至视频轨道与音频轨道上，如图13-10所示。

步骤 04 单击"关闭原声"按钮 ，把视频设置为静音 ，方便后面根据配音剪辑影片片段，如图13-11所示。

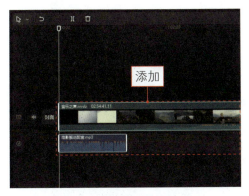

图 13-10　添加电影素材和配音素材

图 13-11　设置视频为静音

13.2.2　根据配音剪辑影片

扫码看教学视频

接下来，需要根据配音来剪辑电影素材，在电影中找到相应的片段，将其分割出来，调至与配音相对应的位置，根据需要对影片片段进行调速处理和保留原声处理等。由于整部电影的时长将近3个小时，下面向大家介绍在剪映中根据配音来剪辑影片的几种操作手法，大家可以学习剪辑思路，根据自己的实际情况，参考操作方法来进行影片剪辑。

步骤 01 在时间线面板的右上角，向右拖曳缩放轨道的滑块，将轨道放大，以方便剪辑影片和配音，如图13-12所示。

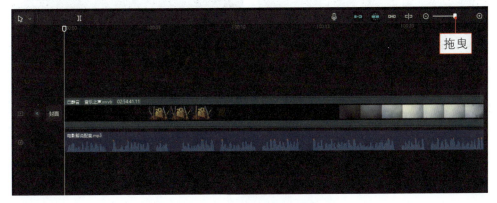

图 13-12　拖曳缩放轨道的滑块

步骤02 按空格键，播放影片和配音，根据配音中的第1句解说词，❶在影片中找到一段空镜头并拖曳时间指示器至相应位置（这里拖曳至00:01:59:00位置）；❷单击"分割"按钮⚃，如图13-13所示。

步骤03 执行操作后，❶继续向后拖曳4秒（即00:02:03:00位置）；❷再次单击"分割"按钮⚃，如图13-14所示。

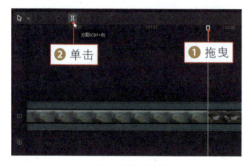
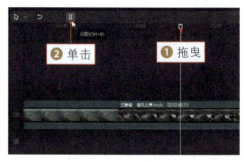

图 13-13　单击"分割"按钮（1）　　　　图 13-14　单击"分割"按钮（2）

步骤04 将分割出来的空镜头片段拖曳至开始位置，并调整时长为00:00:02:17，使其与第1句解说词时长差不多长，如图13-15所示。

步骤05 第2句解说词为电影名称，在影片中找到片名，采用与上同样的方法，将片名片段分割出来，拖曳至第2句解说词的上方并调整时长，如图13-16所示。

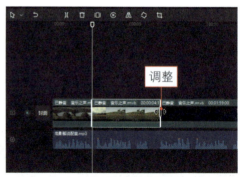

图 13-15　调整空镜头片段的时长　　　　图 13-16　拖曳片名片段并调整时长

步骤06 接下来是描述女主角的解说词，采用与上同样的方法，找到女主角出场的影片片段，分割并拖曳至解说词对应的位置，如图13-17所示。

步骤07 由于选取的片段过长，这里只需要选取几个对应的镜头即可，如图13-18所示。

步骤08 ❶选择女主角唱歌的片段，单击鼠标右键；❷在弹出的快捷菜单中选择"分离音频"命令，如图13-19所示，将影片中的原声分离至第2条音频轨道中。

步骤09 选择分离后的音频，在"音频"操作区中设置"淡入时长"和"淡出时长"参数均为0.5s，如图13-20所示。

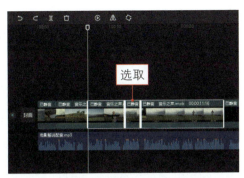

图 13-17　拖曳女主角出场的影片片段　　　　图 13-18　选取对应的镜头

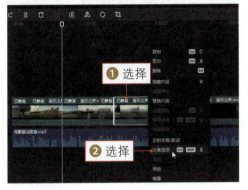

图 13-19　选择"分离音频"命令　　　　图 13-20　设置"淡入时长"和"淡出时长"参数

步骤10 ①将时间指示器拖曳至00:00:14:05位置；②选择配音素材；③单击"分割"按钮，如图13-21所示。

步骤11 将分割后的配音素材向后拖曳至原声音频的结束位置，如图13-22所示。

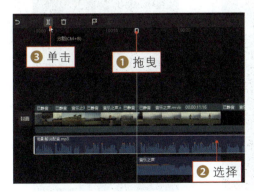

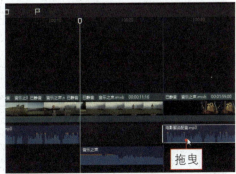

图 13-21　单击"分割"按钮（3）　　　　图 13-22　拖曳分割后的配音

239

步骤12 采用与上同样的方法，对后面的素材进行分割处理，并将不需要的片段直接删除；对需要保留原声的片段进行音频分离处理，并设置淡出效果；对于选取时长过长的片段，可以在"变速"操作区的"常规变速"选项卡中，通过调高"倍数"参数，使片段的播放速度变快，从而缩短选取片段的时长，

如图13-23所示。此外，用户还可以通过拖曳片段左右两侧的白色拉杆调整素材的时长。以上便是剪辑影片片段的方法，由于整部电影的时长太长，处理起来需要花费一些时间，所以用户在剪辑前最好把电影全部看一遍，这样就能精准地找到解说词所对应的影片片段，提升剪辑效率。

图 13-23　调高"倍数"参数

13.2.3　添加解说字幕

扫码看教学视频

添加解说字幕能方便观众理解视频内容。由于很多人都是用手机观看电影解说视频，所以也需要调整视频的画布比例，下面介绍具体的操作方法。

步骤01 拖曳时间指示器至视频的起始位置，❶切换至"文本"功能区的"智能字幕"选项卡；❷在"文稿匹配"中单击"开始匹配"按钮，如图13-24所示。

步骤02 弹出"输入文稿"对话框，❶在其中输入解说文案；❷单击"开始匹配"按钮，如图13-25所示。

图 13-24　单击"开始匹配"按钮（1）

图 13-25　单击"开始匹配"按钮（2）

步骤 03 稍等片刻，即可生成解说字幕，如图13-26所示，在"文本"操作区中检查每个文本中的内容，删除多余的标点符号。

图13-26　生成解说字幕

步骤 04 在"播放器"面板中，❶设置画布比例为9：16；❷调整解说字幕的位置和大小，如图13-27所示。

图13-27　调整解说字幕的位置和大小

★ 专家指点 ★

剪映中的"朗读"功能可以把文本转换成语音，而且语音种类十分丰富。用户如果觉得前面制作的配音不好听，可以在生成解说字幕后，使用"朗读"功能重新生成配音音频。

13.2.4 制作片头片尾

扫码看教学视频

制作有特色、有个性的片头片尾，既能让电影解说视频具有个人特色，还能提醒观众关注发布者，提升账号的粉丝量，下面介绍具体的操作方法。

步骤01 ❶按【Ctrl+A】组合键，全选所有素材；❷单击鼠标右键，在弹出的快捷菜单中选择"创建组合"命令，如图13-28所示，将所有素材全部组合在一起。

步骤02 在"媒体"功能区的"素材库"|"片头"选项卡中，找到一个合适的片头并单击"添加到轨道"按钮⊕，如图13-29所示。

图 13-28 选择"创建组合"命令　　　　图 13-29 单击"添加到轨道"按钮（1）

步骤03 执行操作后，即可将片头素材添加到所有素材的前面，调整片头素材时长为00:00:04:00，如图13-30所示。

步骤04 在"文本"功能区的"文字模板"|"美食"选项卡中，找到一个合适的文字模板并单击"添加到轨道"按钮⊕，如图13-31所示。

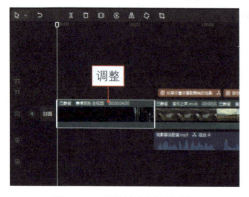

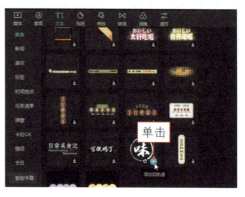

图 13-30 调整片头素材的时长　　　　图 13-31 单击"添加到轨道"按钮（2）

步骤 05 添加文本并调整文本的时长与片头时长一致，在"文本"操作区中修改文字内容，如图13-32所示。

步骤 06 在"音频"功能区的"音效素材"选项卡中，❶搜索"影视开场音效"；❷单击所选音效中的"添加到轨道"按钮 ➕，如图13-33所示。

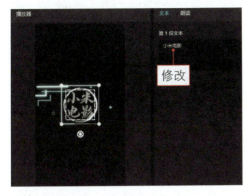

图 13-32　修改文字内容（1）

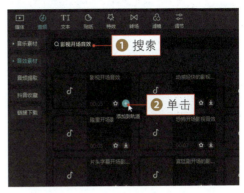

图 13-33　单击"添加到轨道"按钮（3）

★ 专家指点 ★

　　直接套用剪映提供的文字模板，可以节省制作片头片尾的时间，使制作效率更高，而且有些文字模板比自己制作的模板要好看很多。

步骤 07 为片头添加背景音效，并调整音效时长与片头时长一致，如图13-34所示。

步骤 08 拖曳时间指示器至视频结束位置处，在"文本"功能区的"文字模板"|"热门"选项卡中，找到一个合适的文字模板并单击"添加到轨道"按钮 ➕，如图13-35所示。

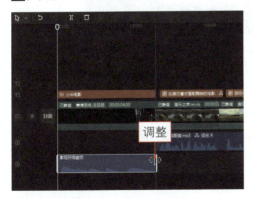

图 13-34　调整音效时长

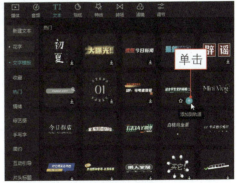

图 13-35　单击"添加到轨道"按钮（4）

步骤 09 执行上述操作后，即可在视频的结束位置添加文本，修改文字内容，如图13-36所示。

步骤10 在"音频"功能区的"音效素材"|"综艺"选项卡中，单击所选音效中的"添加到轨道"按钮 ，如图13-37所示。

图 13-36　修改文字内容（2）

图 13-37　单击"添加到轨道"按钮（5）

步骤11 执行上述操作后，即可为片尾处的文字添加一个背景音效，如图13-38所示。

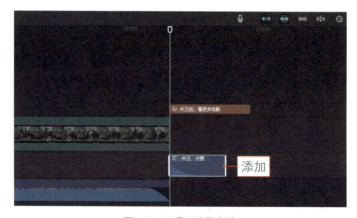

图 13-38　添加片尾音效

13.2.5　添加背景音乐

如果视频中只有解说的声音，会有些单调，这时可以添加纯音乐，让背景声音更加丰富，下面介绍具体的操作方法。

扫码看教学视频

步骤01 在"音频"功能区的"纯音乐"选项卡中，单击所选音乐中的"添加到轨道"按钮 ，如图13-39所示。

步骤02 执行上述操作后，即可在第3条音频轨道中添加背景音乐，将背景音乐拖曳至第1段配音下方并调整其时长，如图13-40所示。

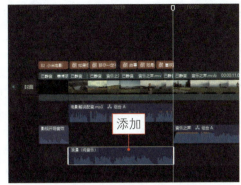

图 13-39　单击"添加到轨道"按钮　　　　图 13-40　添加背景音乐并调整时长

步骤03 在"音频"操作区的"基本"选项卡中，❶设置"音量"参数为-13.0dB；❷设置"淡出时长"参数为1.0s，如图13-41所示，不要让背景音乐的声音将配音覆盖掉。

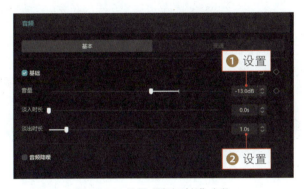

图 13-41　设置"淡出时长"参数

步骤04 执行上述操作后，复制背景音乐，在下一段配音下方粘贴并调整时长，如图13-42所示。

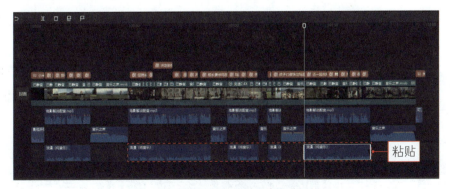

图 13-42　粘贴多段背景音乐并调整时长

第 14 章

广告导演后期必备：打造高级书店宣传视频

14.1　效果欣赏

随着视频传媒的发展，广告宣传短片开始频繁出现在各大荧幕中。现在很多人都喜欢看电子书，去实体书店的人反而很少，为了增加书店流量，很多书店都会拍摄一些内部照片或视频，通过后期剪辑成广告宣传短片，吸引更多顾客到实体店去看书、读书、交流学术文化。本节先来预览视频效果，并了解视频制作的技术要点。

扫码看案例效果

14.1.1　效果预览

【效果展示】：书店宣传视频主要呈现的是书店名称、书店内的场景照片，以及广告宣传语和结束语等，效果如图14-1所示。

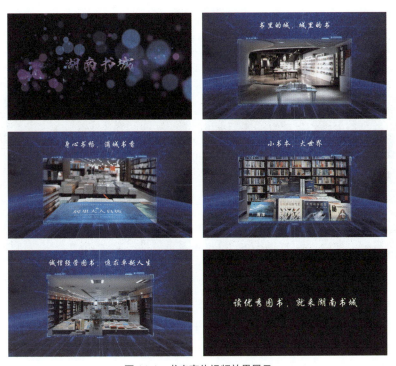

图 14-1　书店宣传视频效果展示

14.1.2　技术提炼

制作书店宣传广告视频，首先需要在剪映中将书店的名称制作出来；然后将片头视频和书店名称合成处理，制作一个彩色的书店名称，呈现出华丽的片头效果；接着对照片进行动画处理，同时添加相应的广告宣传文本；最后制作广告宣传结束语作为片尾，待视频制作完成后，导出完整的视频即可。

14.2　广告短片制作流程

本节将介绍书店广告宣传视频的制作流程，包括制作书店名称、宣传片头、广告文本及宣传片尾等内容，大家可以一边学习，一边跟着实际操作练习。

14.2.1　制作书店名称

扫码看教学视频

首先要制作的是书店名称，以便后续制作书店广告宣传视频中的片头效果。下面介绍制作书店名称的操作方法。

步骤01 在剪映的"文本"功能区的"黑白"选项卡中，找到一个具有金属感的花字，单击"添加到轨道"按钮🔘，如图14-2所示。

步骤02 在字幕轨道上添加一个文本，并调整其时长为00:00:06:00，如图14-3所示。

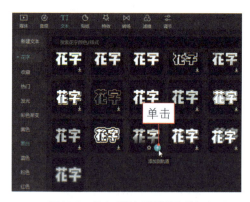

图 14-2　单击"添加到轨道"按钮

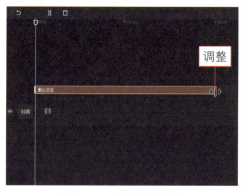

图 14-3　调整文本的时长

步骤03 在"文本"操作区的"基础"选项卡中，❶输入书店名称；❷设置一个合适的字体；❸在"播放器"面板中调整文字大小和位置，如图14-4所示。执行操作后，将文字导出为视频备用。

步骤04 新建一个草稿箱，导入制作的文字视频和片头视频，如图14-5所示。

步骤05 ❶将文字视频添加到视频轨道中；❷将片头视频添加到画中画轨道中，如图14-6所示。在"音频"操作区中，降低音量，将片头视频调为静音。

步骤06 选择片头视频，在"画面"操作区的"基础"选项卡中，设置"混合模式"为"正片叠底"，如图14-7所示，将单调的文字变成有颜色的文字。

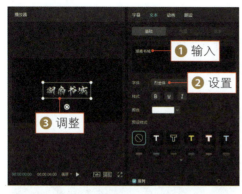

图 14-4 调整文字大小和位置

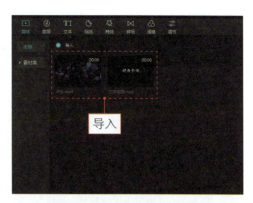

图 14-5 导入文字视频和片头视频

图 14-6 将视频添加到对应的轨道中

图 14-7 设置"正片叠底"模式

步骤 07 ❶将时间指示器拖曳至00:00:01:10位置；❷单击"定格"按钮▣，如图14-8所示。

步骤 08 执行操作后，即可生成定格片段，❶将定格片段的时长调整为00:00:02:05；❷将第3段片头视频的时长调整为00:00:02:20，如图14-9所示。执行操作后，将制作的书店名称视频导出备用。

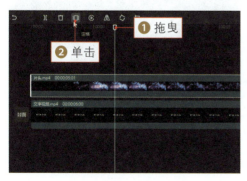

图 14-8 单击"定格"按钮

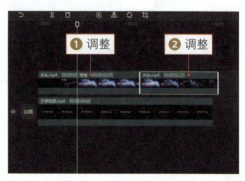

图 14-9 调整视频片段的时长

14.2.2　制作宣传片头

　　书店名称视频制作完成后，即可新建一个草稿箱，开始制作广告宣传短片的片头。下面介绍制作广告宣传片头的操作方法。

步骤01 在剪映的"媒体"功能区中，导入5张书店照片素材、一段背景音乐、一个背景视频、书店名称视频和片头视频，如图14-10所示。

步骤02 ❶将片头添加至视频轨道中；❷将时间指示器拖曳至00:00:00:15位置，如图14-11所示。

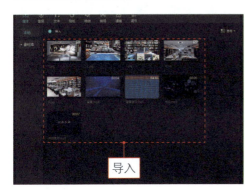

图 14-10　导入素材　　　　　　　　　图 14-11　拖曳时间指示器

步骤03 在时间指示器的位置，将书店名称视频添加到画中画轨道中，如图14-12所示。

步骤04 在"画面"操作区的"基础"选项卡中，设置"混合模式"为"滤色"，如图14-13所示。

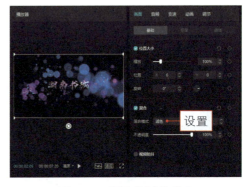

图 14-12　添加书店名称视频　　　　　图 14-13　设置"滤色"模式

步骤05 ❶将时间指示器拖曳至片头视频的结束位置；❷单击"分割"按钮，如图14-14所示。

步骤06 执行操作后，即可将视频分割为两段，将后半段视频移至视频轨道中，如图14-15所示，完成书店广告宣传片头的制作。

图 14-14　单击"分割"按钮　　　　　　　图 14-15　移动分割后的视频片段

14.2.3　制作广告文本

扫码看教学视频

广告片头制作完成后，即可开始制作书店广告宣传短片中的主要内容。下面介绍制作广告宣传内容的操作方法。

步骤01 将背景视频添加到视频轨道中，如图14-16所示，并查看背景视频效果。

步骤02 将第1张照片添加到画中画轨道中，并调整其时长与背景视频的时长一致，如图14-17所示。

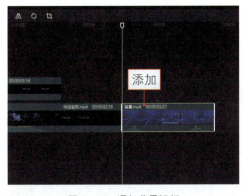
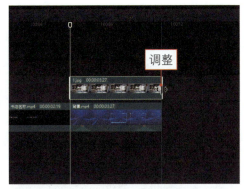

图 14-16　添加背景视频　　　　　　　图 14-17　调整第 1 张照片的时长

步骤03 在"画面"操作区的"蒙版"选项卡中，❶选择"矩形"蒙版；❷在"播放器"面板中调整蒙版的大小；❸在"蒙版"选项卡中设置"羽化"参数为4，如图14-18所示，使照片边缘虚化与背景相融。

步骤04 在"基础"选项卡中，点亮"位置"和"缩放"关键帧◆，如图14-19所示。

图 14-18　设置"羽化"参数

图 14-19　点亮"位置"和"缩放"关键帧（1）

★ 专家指点 ★

在制作关键帧时，用户要先查看背景视频中线框的运动轨迹，根据线框的运动轨迹来添加照片中的关键帧。

步骤05 将时间指示器拖曳至00:00:07:15位置（即背景视频中线框第1次缩小停在画面中间的位置），在"画面"操作区的"基础"选项卡中，❶设置"缩放"参数为62%，将照片缩小至线框大小；❷在"播放器"面板中调整照片的位置，使照片刚好置于线框中，如图14-20所示，为照片添加第2组关键帧。

步骤06 将时间指示器拖曳至 00:00:08:12 位置（即线框即将缩小运动前的位置），在"基础"选项卡中，再次点亮"位置"和"缩放"关键帧◆，如图 14-21 所示，为照片添加第 3 组关键帧，使照片在 00:00:07:15 和 00:00:08:12 时间段停滞在画面中间。

图 14-20　调整照片的位置（1）

图 14-21　点亮"位置"和"缩放"关键帧（2）

步骤 07 将时间指示器拖曳至00:00:08:20位置（即线框第2次开始缩小运动的位置），在"画面"操作区的"基础"选项卡中，❶设置"缩放"参数为61%，将照片缩小至线框大小；❷在"播放器"面板中调整照片的位置，使照片跟随线框运动，如图14-22所示，为照片添加第4组关键帧。

步骤 08 将时间指示器拖曳至00:00:09:20位置（即线框即将快速缩小运动的位置），在"画面"操作区的"基础"选项卡中，❶设置"缩放"参数为54%；❷在"播放器"面板中调整照片的位置，如图14-23所示，为照片添加第5组关键帧。

图 14-22　调整照片的位置（2）

图 14-23　调整照片的位置（3）

步骤 09 将时间指示器拖曳至00:00:10:16位置（即线框即将缩小消失的位置），在"画面"操作区的"基础"选项卡中，❶设置"缩放"参数为29%；❷在"播放器"面板中继续调整照片的位置，使照片跟随线框运动，如图14-24所示，为照片添加第6组关键帧。

步骤 10 ❶将时间指示器拖曳至00:00:07:00位置；❷在字幕轨道中添加一个默认文本，并调整结束位置与照片的结束位置对齐，如图14-25所示。

图 14-24　调整照片的位置（4）

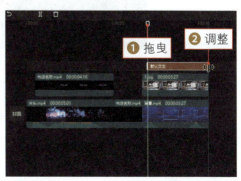

图 14-25　添加文本并调整结束位置

步骤11 拖曳时间指示器至00:00:07:15位置（即照片和线框停滞在画面中的位置），在"文本"操作区的"基础"选项卡中，❶输入第1句广告宣传语；❷设置一个合适的字体；❸在"播放器"面板中调整文本的大小和位置，如图14-26所示。

步骤12 在"动画"操作区的"入场"选项卡中，❶选择"缩小"动画；❷设置"动画时长"参数为1.0s，如图14-27所示。

图 14-26 调整文本的大小和位置

图 14-27 设置"动画时长"参数（1）

步骤13 在"动画"操作区的"出场"选项卡中，❶选择"缩小"动画；❷设置"动画时长"参数为1.1s，如图14-28所示，使文字跟随照片缩小运动，完成第1组画面的制作。

图 14-28 设置"动画时长"参数（2）

步骤14 ❶拖曳时间指示器至背景视频结束的位置；❷按【Ctrl+C】组合键复制第1组画面；❸按【Ctrl+V】组合键粘贴到时间指示器位置，如图14-29所示。

步骤15 选择复制粘贴的照片，在"媒体"功能区中选择第2张照片，如图14-30所示。

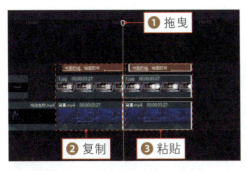

图 14-29 复制并粘贴第 1 组画面　　　　　　图 14-30 选择第 2 张照片

步骤 16 将第2张照片拖曳至复制粘贴的照片上，如图14-31所示。

步骤 17 释放鼠标，弹出"替换"对话框，单击"替换片段"按钮，如图14-32所示。

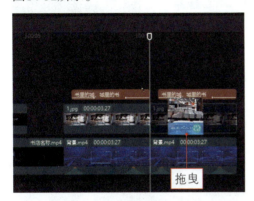

图 14-31 拖曳第 2 张照片　　　　　　图 14-32 单击"替换片段"按钮

步骤 18 执行操作后，即可替换成第2张照片，如图14-33所示。

步骤 19 选择第2个文本，在"文本"操作区的"基础"选项卡中，修改文本内容为第2句广告宣传语，如图14-34所示，完成第2组画面的制作。

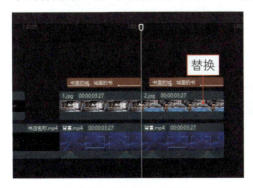

图 14-33 替换成第 2 张照片　　　　　　图 14-34 修改文本内容

步骤20 使用与上同样的操作，通过复制粘贴、替换素材、修改文本等方法，制作其他3组画面，如图14-35所示。

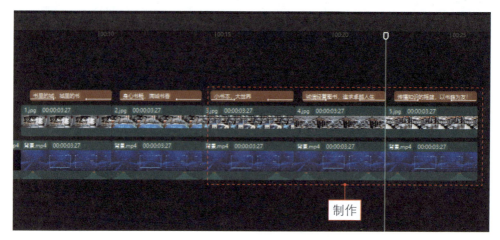

图 14-35　制作其他 3 组画面

步骤21 制作完成后，在"播放器"面板的预览窗口中，可以预览所制作的画面内容，部分效果如图14-36所示。

图 14-36　预览制作的画面内容

14.2.4　制作宣传片尾

接下来制作广告宣传片尾，并为视频添加背景音乐。片尾可以用一句话来展示，这句话可以是一句朗朗上口的广告标语，最好能将书店名称一起呈现，加深观众对书店名称的印象。下面介绍制作宣传片尾的操作方法。

扫码看教学视频

步骤01 ❶将时间指示器拖曳至00:00:26:05位置；❷选择并复制最后一个文本，如图14-37所示。

步骤02 将文本粘贴到时间指示器位置，如图14-38所示。

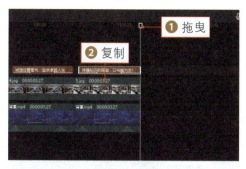

图 14-37　选择并复制最后一个文本

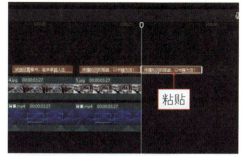

图 14-38　粘贴复制的文本

步骤 03 在"文本"操作区的"基础"选项卡中，❶修改文本内容；❷在"播放器"面板中调整文本的大小和位置，如图14-39所示，即可将片尾的广告标语制作完成。

步骤 04 将时间指示器拖曳至00:00:06:15位置，如图14-40所示。

图 14-39　调整文本的大小和位置

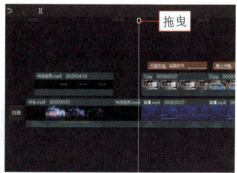

图 14-40　拖曳时间指示器

步骤 05 在"媒体"功能区中，选择背景音乐素材，如图14-41所示。

步骤 06 将背景音乐拖曳至时间指示器位置，并添加至音频轨道中，如图14-42所示。

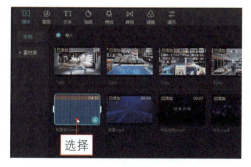

图 14-41　选择背景音乐素材

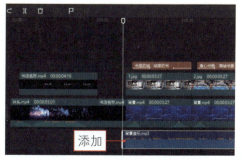

图 14-42　将背景音乐添加至音频轨道中

步骤07 ❶将时间指示器拖曳至00:00:29:25位置；❷单击"分割"按钮⫴，如图14-43所示。

步骤08 ❶选择分割的后半段音频；❷单击"删除"按钮⯐，如图14-44所示。

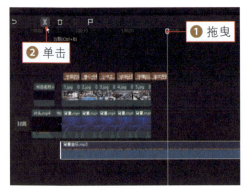

图 14-43 单击"分割"按钮

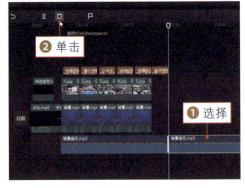

图 14-44 单击"删除"按钮

步骤09 选择背景音乐，在"音频"操作区的"基本"选项卡中，设置"淡出时长"参数为1.0s，如图14-45所示，制作音频淡出效果。至此，完成书店广告宣传短片的制作。

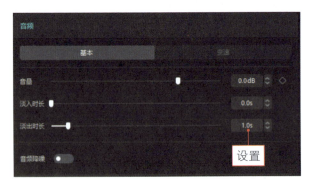

图 14-45 设置"淡出时长"参数

剪映 Windows 版的快捷键操作说明

操作说明	快捷键
全选	Ctrl + A
分割	Ctrl + B
批量分割	Ctrl + Shift + B
复制	Ctrl + C
剪切	Ctrl + X
粘贴	Ctrl + V
撤销	Ctrl + Z
恢复	Shift + Ctrl + Z
删除	Backspace（回退键）
	Delete（删除键）
粗剪起始帧	I
粗剪结束帧	O
手动踩点	Ctrl + J
上一帧	←
下一帧	→
轨道放大	Ctrl + +
轨道缩小	Ctrl + −
时间线上下滚动	滚轮上下
时间线左右滚动	Alt + 滚轮上下
吸附开关	N
联动开关	~
预览轴开关	S
鼠标选择模式	A

续表

操作说明	快捷键
鼠标分割模式	B
播放 / 暂停	Spacebar（空格键）
全屏 / 退出全屏	Ctrl + Shift + F
取消播放器对齐	长按 Ctrl
显示 / 隐藏片段	V
创建组合	Ctrl + G
解除组合	Ctrl + Shift + G
新建草稿	Ctrl + N
导入媒体	Ctrl + I
分离 / 还原音频	Ctrl + Shift + S
切换素材面板	Tab（跳格键）
字幕拆分	Enter
字幕拆行	Ctrl + Enter
导出	Ctrl + E
退出	Ctrl + Q